高等学校"十三五"规划教材

生物工程专业实验

Experiments of Bioengineering

杨忠华　左振宇　主编

U0231347

化学工业出版社

·北京·

《生物工程专业实验》分生物工程实验技术原理、实验部分和附录三篇，主要内容包括生物化学、微生物学、基因工程、发酵工程、生物分离工程、生物反应工程以及酶工程的实验原理与实验项目。实验项目的设计注重基本实验技能训练，在此基础上强化综合实验能力的培养。生物工程实验过程中常用的培养基、缓冲液、溶液、微生物培养与生物物质特性参数归纳整理在附录中，便于参阅。

　　本书可作为高等院校生物工程专业本科生的教材，也可供生物工程领域的工程技术人员参考。

图书在版编目（CIP）数据

生物工程专业实验/杨忠华，左振宇主编. —北京：化学工业出版社，2020.9
高等学校"十三五"规划教材
ISBN 978-7-122-36917-8

Ⅰ.①生… Ⅱ.①杨…②左… Ⅲ.①生物工程-实验-高等学校-教材 Ⅳ.①Q81-33

中国版本图书馆 CIP 数据核字（2020）第 083845 号

责任编辑：宋林青　　　　　　　　　　文字编辑：刘志茹
责任校对：王鹏飞　　　　　　　　　　装帧设计：关　飞

出版发行：化学工业出版社（北京市东城区青年湖南街 13 号　邮政编码 100011）
印　　装：三河市双峰印刷装订有限公司
787mm×1092mm　1/16　印张 13　字数 304 千字　　2020 年 9 月北京第 1 版第 1 次印刷

购书咨询：010-64518888　　　　　售后服务：010-64518899
网　　址：http://www.cip.com.cn
凡购买本书，如有缺损质量问题，本社销售中心负责调换。

定　价：35.00 元

《生物工程专业实验》
编写人员名单

主　　编：杨忠华　　左振宇

编写人员（以姓名拼音为序）：

龚志伟　黄　皓　李凌凌　刘建忠

秦晓蓉　杨忠华　周　卫　左振宇

前 言 ▶▶▶

　　生物工程专业对实验能力要求很高，学生要具有熟练的实验操作技能，很强的实验设计以及实验数据分析能力。因此，实验教学对培养合格的生物工程专业学生至关重要。生物工程专业对学生实验能力的要求，除了具备简单的生物分子检测、微生物操作与培养等基本实验技能外，更需要的是具备功能基因的克隆、表达载体与工程菌的构建、功能蛋白的表达与调控、目标蛋白的分离纯化及应用等综合实验设计与操作能力。这些能力需求贯穿于生物工程的上游、中游、下游的科学研究与生产过程中。

　　对此，我们综合分析生物工程专业的知识体系特点，结合生物工程专业人才培养国家标准的要求，编写了这本以工业生物技术为专业方向的生物工程专业实验指导书。该教材所建立的实验教学体系注重学生基本实验技能的训练，在此基础上进一步强化学生综合实验能力的培养。通过生物化学实验、微生物学实验以及生物工程专业基础实验培养学生的基本实验技能，通过开设专业综合实验培养与强化学生的综合实验能力。在专业实验项目的设置中，依据从生物产品生产的上游、中游、下游的主要技术与共性知识设计综合实验，内容涵盖功能基因的克隆、表达载体与工程菌的构建、工程蛋白的表达与调控，目标蛋白的分离与纯化，以及酶的应用等专业内容，使学生的生物工程专业知识在实验教学环节得以全面训练。

　　本教材分为生物工程实验技术原理、实验部分与附录三部分。具体编写分工为：刘建忠编写第1章、第8章，李凌凌编写第2章、第9章，周卫编写第3章、第10章，杨忠华编写第4章、第11章，秦晓蓉编写第5章、第12章，黄皓编写第6章、第13章，龚志伟编写第7章、第14章，左振宇编写第15章及附录。鉴于时间、精力与水平的限制，该教材可能存在疏漏与不足之处，敬请读者谅解，也热忱欢迎大家批评指正。

　　本书的编辑、出版过程中得到了武汉科技大学各级领导、化学工业出版社的支持与鼓励，在此表示衷心的感谢。

编者

2019 年 11 月于武汉科技大学

目 录 ▶▶▶

第 2 篇　实验部分 / 36

第 3 篇　附录 / 177

第1篇

生物工程实验技术原理

第 1 章　生物化学实验基本理论

生物化学（Biochemistry）是生物工程专业重要的专业基础课程之一，是以记忆和理解为特征的学科，对后续课程的学习起着承前启后的作用。生物化学实验是生物化学课程教学的重要组成部分，是巩固和加深学生对所学知识的理解和记忆的重要辅佐手段。生物化学实验的教学目的概括如下：其一，深化学生对课堂所学知识的理解和掌握，拓宽知识面；其二，掌握基础性的生化分析和测试的技术手段，能够按要求正确配制从事科学研究和产品生产所需要的各种药品和试剂，正确使用实验室常见的仪器和设备，培养学生良好的动手操作能力，为之后的深入学习和研究构筑扎实的基础；其三，培养学生严谨的思维和正确分析科学研究及生产实践中获得结果的能力，培养学生独立思考能力和团队合作精神；提高分析问题和解决问题的能力。为学生将来在包括生物技术，生物工程，工业污染的控制与治理，新产品的开发与利用等领域开展工作提供必要的理论与实践基础。

基于所开设的实验内容，将相关的基本理论概述如下。

1.1　电泳技术

电泳是带电颗粒在电场的作用下，向着与所带电荷极性相反的电极迁移的现象。电泳技术起源于 19 世纪，20 世纪 40 年代后电泳技术发展十分迅速，先后派生出纸电泳、醋酸膜电泳、琼脂糖凝胶电泳、聚丙烯凝胶电泳等。尽管电泳的类别形形色色，但其原理是相近的，就是带电颗粒在电场的作用下，朝着与所带电荷电性相反的电极迁移。由于不同颗粒所带电荷、颗粒的形状及大小上存在差异，加上电泳支持物的分子筛作用，从而使电泳技术成为分离和鉴定不同分子极为常用和有效的手段。

一般来讲，带电颗粒在电场中的迁移率受以下因素影响。

其一，颗粒的性质：颗粒所带净电荷越多，粒子越小且呈球形者，在电场中的迁移率越高。

其二，电场强度：电场强度越高，带电颗粒在电场中迁移的速率就越快。在生化实验中，电泳的目的往往是分离不同的生物分子，电场越强，带电分子在电场中的迁移率越高，但分辨率会下降，分离效果变差。所以，实验中需选择适当的电压，以实现良好的分离效果。

其三，溶液的性质：影响电泳结果的溶液性质主要是指溶液的 pH 值、溶液的离子强度、溶液的黏度等。分述如下：溶液的 pH 值决定带电颗粒所带电荷的电负性及所带电荷的多少。对于蛋白质和氨基酸而言，溶液的 pH 值离等电点越远，其所带净电荷的数量就越大，在电场中的迁移率就越高，反之则越慢。为了使电泳过程中溶液的 pH 值保持稳定，在蛋白质电泳中多采用具有较强缓冲作用的电泳液。溶液的离子强度代表着溶液中所有离子所产生的静电力，取决于离子电荷的总数。若电泳缓冲液的离子强度较高，待分离的带电颗粒将溶液中与其所带电荷电负性相反的离子吸引在自己的周围，形成离子扩散层，使颗粒所带的净电荷数量减少，颗粒在相同电场中的迁移率降低。带电颗粒在电场中的迁移率与电泳缓冲液的黏度呈反比，溶液的黏度越大，带电颗粒在电场中迁移的速率则越慢。

尽管电泳的种类很多，但对于相关专业的本科生而言，较常用到的电泳是琼脂糖凝胶电泳和聚丙烯酰胺凝胶电泳。两种电泳的特征简述如下。

（1）琼脂糖凝胶电泳

以琼脂糖凝胶作为支持物，是分离核酸较常采用的电泳方法。操作起来十分便捷，分离核酸的效果比较稳定而可靠。琼脂糖凝胶本身是一种分子筛，从而使得分子量较小的分子在电场的作用下以较快的迁移率向与所带电荷电负性相反的电极迁移。琼脂糖凝胶中琼脂糖的浓度决定分子筛筛孔的大小。浓度越高，分子筛的筛孔越小，分子在其中迁移的速率越低。基于此，应根据所分离的分子的大小确定琼脂糖的浓度。待分离的样品分子量较小时，应考虑适当提高凝胶的浓度，相反，则应适当降低琼脂糖凝胶的浓度。做分子杂交时，因为要提高样品分离的效果，也应适当提高凝胶的浓度。较常采用的琼脂糖凝胶的浓度在 1.0g/L 左右。

（2）聚丙烯酰胺凝胶电泳

以聚丙烯酰胺凝胶作为支持物，多用于分离蛋白质，也用于分离分子量极小的核酸片段。蛋白质的聚丙烯酰胺凝胶电泳主要包括电泳、染色和脱色三个阶段。凝胶制胶过程由两个阶段完成，即分离胶和浓缩胶。从理论上讲，可以根据实验需要制作任何浓度的分离胶和浓缩胶，在聚丙烯酰胺凝胶电泳中所使用的分离胶的浓度多为 12%，所使用的浓缩胶的浓度多为 5%。

1.2 PCR 技术

PCR（polymerase chain reaction，聚合酶链式反应）技术是 20 世纪 80 年代诞生的一项极具革命性的实验技术，由美国科学家 Kary Mullis 发明，并因此荣获 1993 年诺贝尔生理和医学奖。该技术成为目前实验室获取目标基因和对目标基因进行改造的最常用的方法。该技术的问世将基因工程向着实用化的方向推动了一大步，是一项里程碑式的技术。

PCR 技术的发明是基于对原核和真核生物 DNA 复制机理的成功破译，即 DNA 聚合酶能够以已有的 DNA 单链为模板，延伸业已存在的核苷酸链。DNA 在体内复制时，在RNA 引发聚合酶的作用下，形成一小段 RNA 作为延伸的"引子"，而在体外复制时的引物则是通过人工合成的。DNA 聚合酶的另一重要特性是，迄今所发现的 DNA 聚合酶都只具有从 5′ 到 3′ 的聚合酶活性。体外扩增 DNA 时所使用的 *Taq* DNA 聚合酶是一种分离自嗜热真细菌的热稳定 DNA 聚合酶。

1.3　生物分子浓度的测定

　　许多物质是有颜色的，其颜色的深浅与其溶液的浓度呈正相关。对于不能直接用比色法测定的物质，可通过这些物质与某些试剂反应，形成有色产物来测定。对很多生物分子的测定正是基于这一现象完成的，这样一种测定分子浓度的方法称为比色法，所使用的仪器为分光光度计。

　　比色法测定物质浓度的定量依据是朗伯-比耳定律，即溶液的吸光度与溶液的浓度和液层厚度的乘积呈正比。比色法可广泛应用于还原糖、总糖、核酸、蛋白质等分子的定量测定。

1.4　蛋白质的分离纯化

　　蛋白质的分离纯化是对蛋白质开展研究的基础，了解特定蛋白质的性质和特点是分离纯化蛋白质的前提条件。目前，采用柱色谱分离纯化蛋白质是最为广泛而有效的方法，常见的柱色谱方法包括离子交换色谱、凝胶过滤色谱和亲和色谱。

　　离子交换色谱是利用蛋白质所带电荷的差异以实现对不同蛋白质进行分离纯化的。常用的阳离子交换剂是弱酸性的羧甲基纤维素或羧甲基琼脂糖。常用的阴离子交换剂有弱碱性的二乙基氨基乙基纤维素或二乙基氨基乙基琼脂糖。凝胶过滤色谱是利用待分离的蛋白质分子在分子大小和形状上的差异来对蛋白质分子进行分离纯化的。所用的柱色谱基质通常是葡聚糖凝胶或琼脂糖凝胶，两者皆为高度水化的惰性多聚体。亲和色谱是利用待分离的蛋白质分子与特定分子之间专一性结合的特征来分离纯化蛋白质的。能与蛋白质分子结合的分子称为配体。这样的特异性结合的例子包括酶和辅酶、抗原和抗体、激素和受体等。

第 2 章　微生物学实验基本理论

2.1　微生物学实验的意义

微生物学实验是微生物学教学的重要环节。实验课质量的好坏，直接关系到学生的学习质量和兴趣。学习和掌握微生物学实验的基本方法和实验技术，必将加深学生对微生物学基本理论的理解，促进学生了解微生物学在工业、农业和医药卫生等方面的应用。同时，在微生物学实验学习过程中，可以培养学生观察、思考、分析问题、解决问题和提出问题的能力，养成实事求是、严肃认真的科学态度，锻炼敢于创新的开拓精神，树立勤俭节约的良好作风。

微生物是一类个体微小、肉眼看不见的生物群体，包括细菌、病毒、真菌以及一些小型的原生动物等，广泛应用于健康、医药、工农业、环保等诸多领域。对于生物工程的学生来说，学会从环境中分离、纯化并鉴定有工业价值的菌株，是非常重要的。本教材安排了 15 个实验，包括显微技术、形态观察、制片及染色技术，微生物的纯培养技术，生理与发酵实验技术，微生物的检测技术，及 PCR 技术在细菌鉴定上的应用等基本技术训练实验，还含有 1 个综合型实验。

2.2　微生物的显微观察及染色原理

微生物的最显著特点是个体微小，必须借助显微镜才能观察到它们的个体形态和细胞结构，熟悉显微镜和掌握其操作技术是研究微生物不可缺少的手段。

2.2.1　显微镜的结构和光学原理

显微镜分机械装置和光学系统两部分，结构如图 2.1 所示。

（1）机械装置

① 镜筒　上端装目镜，下端接转换器。镜筒有单筒和双筒两种。单筒有直立式和后倾斜式。双筒全是倾斜式的，两筒之间可调距离，以适应两眼宽度不同者调节使用。

② 转换器　装在镜筒的下方，其上有 3、4 或 5 个孔，各孔上分别安装不同规格的物镜。

③ 载物台　方形或圆形的平台，中央有一光孔，孔的两侧各装 1 个夹片。载物台上还装有移动器（其上有刻度标尺），可纵向和横向移动，用于夹住和移动标本。

④ 镜臂　用于支撑镜筒、载物台、聚光器和调节器，有固定式和活动式两种。

⑤ 镜座　马蹄形，支撑整台显微镜，其上有反光镜。

⑥ 调节器　包括大、小螺旋调节器（调焦距）各一个。可调节物镜和所需观察的物体之间的距离。调节器有装在镜臂上方或下方的两种，装在镜臂上方的通过升降镜臂来调

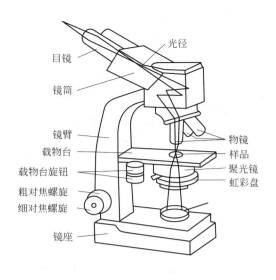

图 2.1　显微镜的结构

焦距，装在镜臂下方的通过升降载物台来调焦距，新式显微镜多半装在镜臂的下方。

（2）光学系统及其光学原理

① 目镜　每台显微镜备有 3 个不同规格的目镜，如 5 倍、10 倍和 15 倍，而在高级显微镜上，除了上述三种规格的目镜以外，还有 20 倍的。

② 物镜　装在转换器的孔上，物镜有低倍（8×、10×、20×三种）、高倍（40×或 45×）及油镜（100×）。物镜的性能由数值孔径（numerical aperture，N. A.）决定，如式（2.1）所示。

$$N. A. = n \times \sin \frac{\alpha}{2} \tag{2.1}$$

其意为玻片和物镜之间的折射率乘上光线投射到物镜上的最大夹角的一半的正弦。

根据这一公式，光线投射到物镜上的角度越大，显微镜的效能越大，该角度的大小决定于物镜的直径和焦距。n 是影响数值孔径的因素，空气的折射率 $n=1$，水的折射率 $n=1.33$，香柏油的折射率 $n=1.52$，用油镜使光线入射 $\alpha/2$ 为 $60°$，则 $\sin60°=0.87$。另外，以空气为介质时，N. A. $=1\times0.87=0.87$；以水为介质时，N. A. $=1.33\times0.87=1.16$；以香柏油为介质时，N. A. $=1.52\times0.87=1.32$（见图 2.2）。

显微镜的性能还依赖于物镜的分辨率，所谓分辨率，就是能分辨两点之间的最小距离的能力，如式（2.2）所示，分辨率与数值孔径呈正比，与波长呈反比。显微镜的分辨率，可通过增大数值孔径、缩短波长来提高，使目标物的细微结构更清晰可见。由于可见光的波长（$0.38\sim0.7\mu m$）是不可能缩短的，因此，只能靠增大数值孔径来提高分辨率（δ）。

$$分辨率(\delta) = 0.61 \times \frac{\lambda}{N. A.} \tag{2.2}$$

式中，λ 为波长。

物镜上标有 N. A. 1.25、100×、"OI"、160/0.17、0.16 等字样，其中 N. A. 1.25 为数值孔径，100× 为放大倍数，"160/0.17" 中 160 表示镜筒长，0.17 表示指定盖玻片的

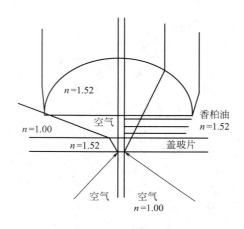

图 2.2 油镜的作用

厚度，"OI"表示油镜，0.16 为工作距离。显微镜的总放大倍数为物镜放大倍数和目镜放大倍数的乘积。

③ 聚光器 安装在载物台的下面，反光镜反射来的光线，通过聚光器被聚集成光锥照射到标本上。增强照明度可提高物镜的分辨率。聚光器可上下调节，其中间装有光圈可调节光亮度，在看高倍镜和油镜时需调节聚光器，合理调节聚光器的高度和光圈的大小，可得到适当的光照和清晰的图像。

④ 反光镜 装在镜座上，反光镜可反射光线到聚光器上，能自由转动方向，有平、凹两面。光源为自然光时，用平面镜；光源为灯光时，用凹面镜。

⑤ 滤光片 自然光由各种波长的光组成，如只需某一波长的光线，可选用合适的滤光片，以提高分辨率，增加反差和清晰度。滤光片有紫、青、蓝、绿、黄、橙、红等颜色。根据标本颜色，在聚光器下加相应的滤光片。

（3）油镜的原理

使用油镜时，需要在载玻片与镜片之间加滴镜油，其作用是不仅能够增加光亮度，更主要是能够增加数值孔径即增加显微镜的分辨率，具体原因如下。

① 增加照明亮度 油镜的放大倍数为 $100\times$，放大倍数这样大的镜头，焦距很短，直径很小，但所需要的光照强度却最大。从载玻片投过来的光线，因介质密度不同，有些光线会因折射或全反射，不能进入镜头，致使在使用油镜时由于射入的光线较少，物像显现不清。所以为了不使通过的光线有所损失，在使用油镜时，须在油镜与载玻片之间加入与玻璃的折射率（$n=1.55$）相仿的镜油（即香柏油，$n=1.52$）。

② 增加显微镜的分辨率 由于香柏油的折射率比空气及水的折射率要高，所以香柏油作为镜头与玻片之间介质的油镜所能达到的数值孔径值要高于低倍镜、高倍镜等物镜。若以可见光的平均波长为 $0.55\mu m$ 计算，数值孔径通常在 0.65 左右的高倍镜只能分辨出距离不少于 $0.4\mu m$ 的物体，而油镜的分辨率却可达到 $0.2\mu m$ 左右。

2.2.2 细菌染色原理

由于微生物（尤其是细菌）细胞小而透明，当把细菌悬浮于水滴中，用光学显微镜观察时，菌体和背景没有显著的明暗差，难以看清它们的形态，更不易辨识其结构。因此，用普通光学显微镜观察细菌时，往往要先将细菌进行染色，借助于颜色反衬作用，可以更清楚地观察到细菌的形态及某些细胞结构。

由于微生物细胞是由蛋白质、核酸等两性电解质及其他化合物组成，所以微生物细胞表现出两性电解质的性质。两性电解质兼有碱性基团和酸性基团，在酸性溶液中解离出碱性基团，呈碱性带正电。在碱性溶液中解离出酸性基团，呈酸性带负电。经测定，细菌的等电点在 pH＝2～5 之间，细菌在中性（pH＝7）、碱性（pH＞7）或偏酸性（pH＝6～7）的溶液中，细菌的等电点均低于上述溶液的 pH 值，所以细菌带负电荷，容易与带正电荷的碱性染料（如亚甲蓝、甲基紫、结晶紫、龙胆紫、碱性品红、中性红、孔雀绿和番红等）结合。而当细菌分解糖类产生酸使培养基 pH 值下降时，细菌所带正电荷增加，此时可用伊红、酸性复红或刚果红等酸性染料染色。

染色方法可分为简单染色法和复染色法。简单染色法又叫普通染色法，只用一种染料使细菌染上颜色，如果仅为了在显微镜下看清细菌的形态，用简单染色即可。复染色法即用两种或多种染料染细菌，目的是鉴别不同性质的细菌，所以又叫鉴别染色法。主要的复染色法有革兰氏染色法和抗酸性染色法。革兰氏染色法是 1884 年由丹麦病理学家 Christain Gram 创立的，而后一些学者在此基础上做了某些改进。本教材中介绍被普遍采用的 Hucker 改良的革兰氏染色法。革兰氏染色法是细菌学中最重要的鉴别染色法。革兰氏染色法的基本步骤是：先用初染剂结晶紫进行染色，再用碘液媒染，然后用乙醇（或丙酮）脱色，最后用复染剂（如番红）复染。经此方法染色后，细胞保留初染剂蓝紫色的细菌为革兰氏阳性菌；如果细菌被染上复染剂的颜色（红色），则该菌属于革兰氏阴性菌。

芽孢、荚膜等是某些细菌的特殊结构。通过芽孢和荚膜的特殊染色方法，可以观察细胞有无这些结构。这些特殊结构通常是微生物分类鉴定的重要依据。

2.3 微生物的纯培养

在对微生物的研究中，只有纯培养物才能被很好地利用和重复实验结果。绝大多数的工业发酵过程也只有采用纯培养物才能实施运作。因此，把特定的单一微生物从自然界中以混杂存在的状态中分离出来，并进一步纯化、繁殖（即纯培养技术），对微生物研究和工业发酵是必要的。

(1) 培养基

在自然界中，微生物种类繁多，营养类型多样。为了人工培养、分离、鉴定和保存各种不同种类的微生物或积累其代谢产物，需要配制适合微生物生长繁殖或积累代谢产物的营养基质，即培养基。培养基按照成分的不同分为天然培养基、合成培养基、半合成培养基；按照物理状态不同又分为固体培养基、半固体培养基和液体培养基；按照用途不同分为基础培养基、营养培养基（又称加富培养基）、鉴别培养基、选择培养基。不同种类的培养基中，一般均含有水分、碳源、氮源、能源、无机盐、生长因子等。

(2) 消毒和灭菌

在微生物实验中，需要对微生物进行纯培养，不能有任何杂菌污染，因此要对所用器材、培养基和工作场所进行严格的消毒和灭菌。消毒一般是指消灭病原菌和有害微生物的营养体而言，而灭菌则是指杀灭一切微生物的繁殖体，主要包括营养体、芽孢和孢子。消毒和灭菌的方法很多，一般可分为加热、过滤、照射和使用化学药品等方法。其中，加热灭菌方法是最主要的，分为两种：干热灭菌和高压蒸汽灭菌。高压蒸汽灭菌是将待灭菌的物品放在一个密闭的加压灭菌锅内，通过加热使灭菌锅隔套间的水沸腾而产生蒸汽。待水蒸气急剧地将锅内的冷空气从排气阀中驱尽，然后关闭排气阀，继续加热，此时由于蒸汽不能溢出，而增加了灭菌器内的压力，从而使沸点增高，得到高于100℃的温度，导致菌体蛋白质凝固变性而达到灭菌的目的。通常，湿热灭菌的条件一般0.1MPa、121.5℃、灭菌15～30min，微生物实验所需的一切器皿、器具、培养基（不耐高温者除外）等都可用此法灭菌；而干热灭菌的温度则是160℃，灭菌2h，才能达到湿热灭菌121℃的同样效果，培养皿、移液管及其他玻璃器皿可用干热灭菌。在同一温度下，湿热灭菌的杀菌效力比干热灭菌大，其原因如下：一是湿热中细菌菌体吸收水分，蛋白质较易凝固，因蛋白质含水量增加，所需凝固温度降低；二是湿热的穿透力比干热大；三是湿热的蒸汽有潜热存在，1g水在100℃时，由气态变为液态时可放出2.26kJ的热量。这种潜热，能迅速提高被灭菌物体的温度，从而增加灭菌效力。

另外，在使用高压蒸汽灭菌锅灭菌时，灭菌锅内冷空气的排除是否完全极为重要，因为空气的膨胀压大于水蒸气的膨胀压，所以当水蒸气中含有空气时，在同一压力下，含空气蒸汽的温度低于饱和蒸汽的温度。

（3）平板分离法

从混杂的微生物群体中获得只含有某一种或某一株微生物的过程称为微生物的分离与纯化。常用的是单细胞挑取法和平板分离法。虽然，使用显微镜操作器单细胞挑取法，可以直接得到微生物的纯培养。但平板分离法操作简单，普遍用于微生物的分离与纯化。为了获得某种微生物的纯培养，平板分离法一般可以根据该微生物对营养、酸碱度、浓度和氧等条件要求不同，而供给适合于待分离微生物的培养条件，或加入某些抑制剂抑制其他菌生长，而利于此菌生长，从而淘汰其他一些不需要的微生物。另外，微生物在固体培养基上生长形成的单个菌落，可以认为是由一个细胞繁殖而成的集合体，因此可通过挑起单菌落，再用稀释涂布平板法或稀释后平板划线分离纯化该微生物，从而获得微生物的纯培养。

（4）微生物的培养特征

微生物的培养特征是指微生物在固体培养基上、半固体和液体培养基中，生长后所表现出的群体形态特征。不同的微生物有其固有的培养特征，这些特征一般用固体、半固体和液体培养基来进行检测。固体培养基又分平板与斜面两种形式。平板培养基含有细菌等微生物生长所需要的营养成分，当取自不同来源的样品接种于培养基上，在适宜温度下培养，1～2d内，每一菌体能通过很多次细胞分裂而进行繁殖，形成一个可见的细胞群体的集落，称为菌落。每一种微生物所形成的菌落都有它各自的特点，例如菌落的大小、表面干燥或湿润、隆起或扁平、粗糙或光滑、边缘整齐或不整齐、菌落透明或半透明或不透明、颜色、质地疏松或紧密以及基质是否产生水溶性色素等。因此，可通过平板培养的菌落表面结构、形态及边缘等状况，来检查环境中细菌等微生物的数量和类型。另外，当微生物培养在斜面培养基上时，可以呈丝线状、刺毛状、念珠状、舒展状、树枝状或假根状；生长在液体培养基上，可以呈混浊、絮状、黏液状、形成菌膜、上层清晰而底部显沉淀状；穿刺培养在半固体培养基中，可以沿接种线向四周蔓延或仅沿线生长；也可上层生长很好，甚至连成一片，底部很少生长或底中长得好，上层甚至不生长。培养特征可以作为微生物分类鉴定的指征之一，并能为识别纯培养是否被污染作为参考。

2.4　微生物的生理生化鉴定

在活细胞中发生的全部生物化学反应称为代谢。所谓代谢就是酶促反应过程。微生物代谢类型的多样性，具体表现在生化反应的多样性。各种微生物在代谢类型上表现出很大的差异，而且分解代谢的最终产物不同，反映出它们具有不同的酶系和不同的生理特性，这些特性可被用作细菌鉴定和分类的依据。常见的生理生化鉴定反应有对大分子物质的水解实验、糖发酵实验、甲基红实验、石蕊牛奶实验、IMViC 实验等。以淀粉水解实验为例，微生物对淀粉这种大分子物质不能直接利用，必须靠产生的胞外水解酶将大分子物质分解，才能被微生物吸收利用。由于淀粉遇碘液会产生蓝色，因此能产生淀粉酶的微生物，当在淀粉培养基上培养时，用碘处理会产生无色区域，据此可以分辨微生物能否产生淀粉酶。

2.5　PCR 技术在微生物鉴定上的应用

微生物的鉴定是微生物基础研究工作之一。除观察微生物的形态特征、检测微生物生理生化上的不同反应外，微生物的分子遗传学鉴定也可以作为分类鉴定的依据。目前，PCR 技术主要在 DNA 指纹图谱和 16S rDNA（18S rDNA）序列两方面应用于微生物的菌种鉴定，这些技术已经成为确定微生物分类地位的常规手段及关键性依据。本教材主要介绍如何利用 PCR 扩增和测序技术获得原核生物的 16S rDNA 基因序列，用于分析微生物的系统发育树。通常认为，若所测菌株的 16S rDNA（18S rDNA）基因序列与所有已知典型菌株的相似度小于 97%，则该菌株可能是新种；但若与最接近的典型菌株相似度大于 97%，则可以认为菌株最接近于此典型菌种，为最终确定菌种的种属关系做出初步的判断。

2.6　菌种的保藏

菌种是人类在长期生产实践和科学实验中获得和积累的重要生物资源，菌种的保藏是生物工程专业中一项重要的技术。在微生物的生长繁殖过程中不可避免地会发生菌株的变异，为了能较长期地保持原有菌种的特性，防止菌种的变异衰退，死亡以及杂菌污染，需要人工创造条件（低温、干燥、缺氧、避光及限制性的营养条件等），使得微生物的新陈代谢作用降至最低程度或处于休眠状态，从而实现菌种的保藏。目前，建立的菌种保藏方法有斜面或半固体穿刺菌种的冰箱保藏法、液体石蜡保藏法、滤纸片保藏法、砂土保藏法、冷冻干燥保藏法和液氮保藏法等。

2.7 微生物的生长繁殖

微生物的生长到一定的阶段，就会发生个体数目的增加（即繁殖），微生物的生长与繁殖是交替进行的。微生物群体的生长表现为细胞数目的增加或细胞物质的增加。通常微生物的生长是以繁殖作为指标。测定细胞数目的方法有显微镜直接计数法、平板计数法、光电比浊法、最大概率法及膜过滤法等。而测定细胞物质的方法有测定细胞干重或细胞某种成分（如 DNA 含量）或代谢产物等。一定量的微生物，接种在适合的新鲜液体培养基中，在适宜的温度下培养，以培养时间为横坐标，以细胞数目的对数或生长速率为纵坐标，作图所绘制的曲线称为该细菌的生长曲线，一般可分为延迟期、对数期、稳定期和衰亡期四个时期。不同的微生物有不同的生长曲线，同一种微生物在不同的培养条件下，其生长曲线也不一样，因此，测定微生物的生长曲线，对于了解和掌握微生物的生长规律是很有帮助的。大多数细菌的繁殖速率很快，在合适的条件下，一定时期的大肠杆菌细胞每20min 分裂一次。

第 3 章　重组 DNA 技术及工程细胞构建

基因工程和蛋白质工程的核心技术是重组 DNA 技术，重组 DNA 技术也称为分子克隆，是 20 世纪 70 年代在现代分子生物学的基础上发展起来的一个生物技术手段。重组 DNA 技术即利用供体生物的遗传物质或人工合成的基因，经过体外或离体的限制酶切割后与适当的载体连接起来形成重组 DNA 分子，然后再将重组 DNA 分子导入到受体细胞或受体生物构建转基因生物，该种生物就可以按人类事先设计好的蓝图表达某种产物或表现出某种性状，供体、受体、载体是重组 DNA 技术的三大基本元件。

1972 年，美国斯坦福大学的学者首先在体外进行了 DNA 改造的研究，他们把 SV40（一种猴病毒）的 DNA 分别切割，又将两者连接在一起，成功构建了第一个体外重组的人工 DNA 分子。1973 年，Cohen 等人首次在体外将重组的 DNA 分子导入大肠杆菌中，成功地进行了无性繁殖，从而首次完成了 DNA 体外重组和扩增的全过程。

重组 DNA 技术的第一次商业化应用是在 1982 年，美国食品及药物管理局（FDA）批准工程菌产生的人胰岛素商业化运营，这是一个生物技术工业发展史上的里程碑。目前，重组 DNA 技术已被用于生产药品、疫苗、工业化学品、遗传改良农产品等，创造了巨大的社会效益和经济效益。

重组 DNA 技术一般分为以下几个步骤。

3.1　目的基因的获取

通过人工方法分离、改造、扩增并表达生物的特定基因，从而深入开展核酸遗传研究或者获取有价值的基因产物是重组 DNA 技术的主要目的。通常我们把插入到载体内的那个特定的片段基因称为"外源基因"，而将那些已被或者准备要被分离、改造、扩增或表达的特定基因或 DNA 片段称为"目的基因"。

由于真核细胞中单拷贝基因只是染色体 DNA 中很小的一部分，为其 $10^{-7} \sim 10^{-5}$，即使多拷贝基因也只有其 10^{-5}，因此，从染色体中直接分离纯化目的基因极为困难。另外，真核基因内一般都有内含子，如果以原核细胞作为表达系统，即便分离出真核基因，由于原核细胞缺乏 mRNA 的转录后加工系统，真核基因转录的 mRNA 也不能加工、拼接成为成熟的 mRNA，因此不能直接克隆真核基因，必须采用特殊方法分离目的基因。

目的基因的获取大致可以分为三类：一是利用 PCR 技术体外扩增目的基因，然后将之克隆、表达；二是构建感兴趣的生物个体的基因组文库或者 cDNA 文库，即将某生物体的全基因组分段克隆，然后建立合适的筛选模型从文库中挑出含有目的基因的重组克隆；三是采用化学合成法在体外直接合成目的基因，该方法主要适用于核苷酸序列已知且分子量较小的目的基因的制备。

3.2　DNA 片段与载体的连接（以质粒载体为例）

载体是携带外源 DNA 片段进入宿主细胞进行扩增或表达的工具，载体的本质是 DNA。经 DNA 连接酶催化将目的基因与合适的载体连接形成杂合重组 DNA 分子，从而便于将外源基因高效转入受体细胞。

根据用途，载体分为克隆载体和表达载体两大类。克隆载体是指将外源 DNA 引入宿主细胞并进行大量复制的载体。表达载体则是在克隆载体的基础上增加与基因表达有关的元件，如启动子、核糖体结合位点、终止子等，使目的基因能够在宿主细胞中高效表达的载体。按自身的性质、特征可以将载体分为多种类型，包括质粒载体、噬菌体载体、黏粒载体、病毒载体及人工染色体载体等，其中最为常用的载体是质粒载体，以下以质粒载体为例对外源 DNA 与载体的连接进行说明。

（1）质粒的提取

分子生物学及基因工程研究工作中，最常用的一种纯化质粒 DNA 的方法是微量碱变性法，该方法具有提取质粒具有简单快速、经济实惠等优点，通过加入 SDS（十二烷基硫酸钠）对宿主细胞进行裂解，使质粒 DNA 顺利溢出并与染色体 DNA 和蛋白质等分离。微量碱变性法当然也可以采用试剂盒进行质粒提取和纯化，目前，商品化质粒纯化试剂盒有很多类型，其基本原理大多是基于碱裂解法结合硅胶膜等微型离心纯化柱。

（2）目的基因与载体的连接

比较经典和常用的方法是采用黏性末端连接法，即用一定的限制性核酸内切酶切割质粒，使其出现一个切口，露出黏性末端；再用同样的限制酶切割目的基因，使其产生相同的黏性末端。通过碱基互补配对，切下的目的基因片段插入质粒的切口处，加入 DNA 连接酶，连接生成 $3',5'$-磷酸二酯键，形成一个重组 DNA 分子，即重组质粒。

3.3　重组基因导入受体细胞

通过将重组质粒导入特定的受体细胞，可以对外源基因进行扩增、保存或在受体细胞中进行高效表达。

受体细胞是指能够接受外源基因的宿主细胞，从低等的原核细胞到复杂的高等动植物细胞都可以作为基因工程的受体细胞。一个理想的受体细胞应具有以下基本特征：①重组 DNA 分子容易导入细胞内；②重组 DNA 分子可以稳定地存在于受体细胞中；③便于扩大培养；④安全性高，无致病性，不对环境造成污染；⑤内源蛋白水解酶基因缺失或蛋白酶含量低，利于外源基因蛋白表达产物在细胞内积累，或使外源基因高效分泌表达。原核生物中常用的受体细胞为大肠杆菌，典型的菌株有 $DH5\alpha$、HB101、JM101 及 JM109 等。

根据受体细胞的不同和导入方法的差异，可以将重组 DNA 分子导入受体细胞的方法分为以下三类：①转化法，指将重组 DNA 分子导入处于感受态的宿主细胞中，该宿主细胞通常为原核细胞；②转导法，指将重组 DNA 分子通过病毒载体导入宿主细胞中，该方法涉及病毒的体外包装；③转染法，则是将重组 DNA 分子导入特定的真核细胞，即动植物细胞内。

3.4 筛选含有目的基因的受体细胞

受体细胞是否成功装载了外源目的基因，需要对重组基因导入实验后的结果进行检测，通常采用以下几种方法。

（1）载体表型选择法

载体表型选择法是根据载体分子所提供的表型特征，直接选择重组 DNA 分子的方法，主要包括以下两种：

① 插入失活选择法　外源 DNA 片段插入到位于筛选标记基因（多为抗生素抗性基因）的多克隆位点后，会造成标记基因失活，表现出相应的抗生素抗性消失。

② 蓝白斑筛选　载体上的 lacZ′编码 β-半乳糖苷酶的 N 端，即 α-肽段，宿主菌的染色体中含有 β-半乳糖苷酶 C 端编码序列，两者同时存在时即可产生 α-互补，合成有活性的 β-半乳糖苷酶，在诱导剂异丙基-β-D-硫代半乳糖苷（IPTG）的作用下，有生色底物 X-Gal15-溴-4-氯-3-吲哚-β-D-半乳糖苷存在时产生蓝色菌落。当外源 DNA 插入到载体中的 lacZ′上，导致宿主菌不能表达 β-半乳糖苷酶，从而根据培养基中大肠杆菌转化子菌落的颜色变化，筛选含外源 DNA 的受体细胞。

（2）根据插入基因的表型选择法

转化进来的外源基因编码的蛋白质，能够对宿主菌株所具有的突变缺陷进行弥补，或使被转化宿主细胞表现出外源基因编码的新表型特征，从而进行筛选。这种筛选法受到一定的条件限制，要求克隆的 DNA 片段必须包含一个完整的基因序列，而且还要求目标基因能够在大肠杆菌宿主细胞中实现功能表达。

（3）DNA 电泳检测法

分离质粒的 DNA 并测定其分子长度是证明重组质粒分子质量增加的直接方法。常用操作程序比较简单的凝胶电泳来测定。由于质粒 DNA 电泳迁移率是与其分子质量大小成比例的，所以那些带有外源 DNA 插入序列、分子质量较大的重组体 DNA 在凝胶中的迁移率比不具有外源 DNA 序列、分子质量较小的质粒 DNA 来得缓慢。根据这些差别就可以鉴定出哪些菌落的载体中含有外源 DNA 片段。

（4）PCR 检测法

PCR 是鉴定阳性克隆最为简单的方法，可根据已知的外源 DNA 序列设计特异性引物进行 PCR 扩增以检测阳性克隆中是否含有外源 DNA 片段，或利用载体多克隆位点侧翼的通用引物进行 PCR，根据 PCR 反应产物的长度判断多克隆位点上是否有外源 DNA 片段的插入。

（5）核酸杂交检测法

从基因文库中筛选带有目的基因插入序列的克隆，最广泛使用的一种方法是核酸分子杂交技术，主要有菌落原位杂交、Southern 印迹法等。

（6）DNA 序列分析

DNA 测序是最为准确的重组子鉴定方法，对所得目的基因的克隆，应用其核酸序列测定来最后鉴定。已知序列的核酸克隆要经序列测定确证所获得的克隆准确无误；未知序列的核酸克隆要测定序列才能进一步研究其结构及其与功能的关系。

第4章　发酵工程实验原理

4.1　发酵的基本内容

发酵一词来源于拉丁文"fervere"，是指酵母作用于果汁或麦芽汁所表现出来的"沸腾"现象，这种现象是由果汁或麦芽汁中含有的糖厌氧发酵产生的二氧化碳气泡引起的。对于工业微生物学来说，发酵的定义则更为广泛，指任何通过大规模培养微生物来生产产品的过程都是发酵过程，如酿造和有机溶剂的生产都属于发酵过程，广义上的发酵包括微生物的好氧过程。商业上比较重要的发酵过程可分为四类：①把微生物细胞或微生物物质作为最终产品的发酵过程；②微生物代谢体系中酶的发酵过程；③把微生物的代谢产物作为产品的发酵过程；④利用微生物对某种物质进行特定修饰的发酵过程——生物转化。

4.2　发酵过程的组成

对于一般的发酵类型，一个确定的发酵过程包含五大组成部分：①高活性、纯种的种子的制备；②确定的种子培养基和发酵培养基；③培养基、发酵罐和辅助设备的灭菌；④无菌空气的制备；⑤发酵罐中微生物最优的生长条件下产物的大规模生产。当然，在工业生产中，还需配套产物的提取、纯化系统，以及发酵"三废（废气、废液、废固）"的处理。典型的发酵生产过程如图 4.1 所示。

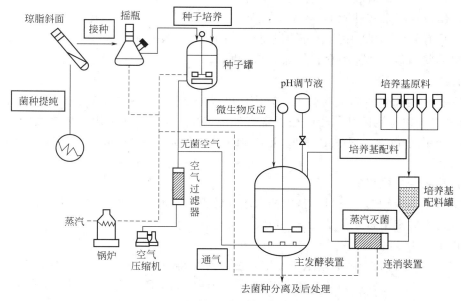

图 4.1　典型发酵生产过程示意

4.3　发酵罐的类型

发酵罐，指工业上用来进行微生物发酵的装置。一个良好的发酵罐应满足下列要求：①结构严密，经得起蒸汽的反复灭菌，内壁光滑，耐腐蚀性能好，以利于灭菌彻底和减小金属离子对生物反应的影响；②有良好的气-液-固接触和混合性能和高效的热量、质量、动量传递性能；③在保持生物反应要求的前提下，降低能耗；④有良好的热量交换性能，以维持生物反应的最适温度；⑤有可行的管路布置和仪表控制，适用于灭菌操作和自动化控制。

发酵罐按照所培养微生物的生长代谢对氧的需要，分为好氧发酵罐（如机械搅拌通风发酵罐、气升式发酵罐等）和厌氧发酵罐（如酒精发酵罐、啤酒发酵罐等）。在工业生产中，好氧发酵罐占重要的地位。该类发酵罐又分为机械搅拌式与非机械搅拌式。机械搅拌式发酵罐包括通用机械搅拌通风发酵罐、伍式发酵罐、自吸式发酵罐等。非机械搅拌式发酵罐包括气提式循环发酵罐、文氏管发酵罐、喷射式发酵罐、塔式发酵罐等。

4.4　发酵罐及培养基的灭菌

为保证发酵过程的纯培养，必须对发酵罐、培养基以及添加的物料进行彻底灭菌。在灭菌过程中，正确的灭菌方法以及合适的灭菌操作条件是保证灭菌效果的基本条件。

（1）灭菌方法的选择

灭菌方法有多种，灭菌常用的方法有化学试剂灭菌、射线灭菌、干热灭菌、湿热灭菌和过滤除菌等。其中湿热灭菌法是进行容器灭菌最常用的方法，但是采用湿热灭菌也有多种操作方式，而且有时也可用其他灭菌方法代替，所以在确定一种最适灭菌方法前应该仔细考虑如下一些重要因素：①发酵类型及使用的菌株的性质；②无菌要求标准，以及无菌的程度；③培养基的性质及辅助物料的性质；④发酵罐/容器的尺寸、型号、材料参数及结构；⑤发酵罐是空罐灭菌还是实罐灭菌等。

用于实验室小型发酵罐的灭菌方法主要有两种：高压蒸汽灭菌器灭菌法和原位灭菌法。灭菌效果的好坏与容器的设计及材料有很大关系。当器皿的工作体积超过 15～20L 时，由于体积及质量太大不适宜搬动，采用高压灭菌器灭菌。如果采用常用的高压蒸汽灭菌法，则器皿的材料要能够耐受高温高压。湿热灭菌通常在 103.4kPa（120℃）的蒸汽压力下进行，所采用的玻璃容器要足够坚固。

实验室体积较小的搅拌式发酵罐通常是玻璃罐体、不锈钢罐顶和底座的复合结构。有的实验室发酵罐全部采用不锈钢。玻璃罐体、不锈钢罐顶和底座复合结构发酵罐的灭菌最好是在高压蒸汽灭菌器中进行，因此选用合适的高压蒸汽灭菌器很重要。市面上也有可以采用原位灭菌法的复合结构发酵罐。使用这种类型的发酵罐必须配备与之紧密配合的保护套，保护套的设计应考虑足以承受如果灭菌过程中发酵罐爆炸所飞溅出的玻璃碎片。原位灭菌法的蒸汽有的由发酵罐内自带电加热装置产生，有的由外置蒸汽发生器产生。一般小型不锈钢发酵罐都用蒸汽原位法灭菌。

小型发酵罐的辅助容器（如补料瓶等）的灭菌也应该考虑同样的因素，这与复合结构发酵罐、玻璃发酵罐和其他型号发酵罐类似。用蒸汽灭菌的玻璃器皿通常放在高压蒸汽灭菌器内，器皿的体积越大，采用的压力应越小。

培养基灭菌最基本的要求是杀死培养基中混杂的微生物，再接入纯培养的菌种以达到纯种培养的目的。在利用蒸汽进行灭菌的过程中，由于蒸汽冷凝时会释放出大量的潜热，并具有强大的穿透能力，在高温及存在水分的条件下，微生物细胞内的蛋白质极易变性或凝固而引起微生物的死亡，故湿热灭菌法在培养基灭菌中具有经济和快速的特点。但高温虽然能杀死培养基中的杂菌，同时也会破坏培养基中的营养成分，甚至会产生不利于菌体生长的物质。因此在工业培养过程中，除了尽可能杀死培养基中的杂菌外，还要尽可能减少培养基中营养成分的损失，其有效途径是提高灭菌温度以缩短灭菌时间，达到减少营养物质损失的目的。最常用的灭菌条件是 120℃，20～30min。

衡量热灭菌的指标很多，最常用的是"热致死时间"，即在规定温度下杀死一定比例的微生物所需要的时间。杀死微生物的极限温度称为致死温度，在此温度下杀死全部微生物所需要的时间称为致死时间。在致死温度以上，温度越高，致死时间就越短。一些细菌、芽孢菌等微生物细胞和孢子对热的抵抗力不同，因此它们的致死温度和时间也有差别。微生物对热的抵抗力常用"热阻"表示。热阻是指微生物在某一特定条件（主要是温度和加热方式等条件）下的致死时间。相对热阻是指微生物在某一特定条件下的致死时间与另一微生物在相同条件下的致死时间的比值。

（2）蒸汽灭菌的注意事项

随着温度的提高，加热对微生物的破坏速率比对培养基中敏感组分的破坏速率快。所以采用加热灭菌方法，最好是在最短时间内将发酵罐或容器的温度升至灭菌温度，达到灭菌时间后再以最快的速率进行冷却。无论是采用高压蒸汽灭菌器灭菌还是原位蒸汽灭菌都应遵循这个原则。

利用高压蒸汽灭菌器灭菌时，体积大于 1L 的发酵罐通常是在 121℃ 下灭菌 15min，更大体积的容器则需要更长时间。应该注意，加热和冷却时容器内的温度都将滞后于高压蒸汽灭菌器内的温度。尤其是对于那些由传热性能不是很好的玻璃、耐高压塑料（如聚碳酸酯）制成的容器，温度变化滞后更明显。另外，在灭菌器内灭菌时，由于灭菌时发酵罐不能像正常情况下进行搅拌，罐内液体之间的热传递也很慢。罐直径越大，温度滞后效应越明显，所以容器中间的温度与高压蒸汽灭菌器的显示温度有相当大的差别。

发酵罐原位蒸汽灭菌时，加热方式可以采用外置蒸汽发生器产生蒸汽通入发酵罐的夹套或者发酵罐自带电加热装置加热器。这两种加热途径，升温阶段的温度-时间进程图略有不同：夹套蒸汽加热时，温度的变化会经过一个对数变化阶段而达到灭菌温度，而电加热则是线性关系。有时，也将蒸汽直接通入发酵罐或容器中来进行灭菌，但这样会造成培养基体积的变化，因为当蒸汽通入时会有水蒸气冷凝，而冷却时又会有蒸汽损失。体积变化是有益还是有害，取决于这些效果的平衡。蒸汽喷射的温度越低，则由于冷凝造成的体积增加越多，尤其在低于 100℃ 时更明显。一般允许培养基体积变化的范围为 5%～10%。在配培养基时应该将该体积变化考虑进去，以防止灭菌后的稀释或浓缩。按照产生体积变化的正负，相应地将灭菌前培养基体积增多或减少。发酵罐原位灭菌通常需要开启搅拌器，这样可以提高热传递的速率，减少温度梯度，这一点比在高压蒸汽灭菌器中的情况下要好得多。此外，发酵罐或容器的体积越大，则加热和冷却的速率就越慢。

4.5　发酵培养基的配制

　　培养基为微生物生长、繁殖、代谢提供营养和生长环境。由于微生物具有不同的营养类型与生理要求，对培养基的要求也各不相同。加之实验和研究的目的不同，故培养基的种类很多，使用的原料也各有差异。但从营养角度分析，培养基中一般含有微生物所必需的碳源、氮源、无机盐、生长素以及水等。同时，培养基还应具有适宜的 pH 值、一定的pH 缓冲能力、一定的氧化还原电位及合适的渗透压等要求。碳源是培养基最主要的营养成分之一，常使用葡萄糖、淀粉、蔗糖、乳糖等作为碳源。氮源是微生物合成蛋白质成分的主要原料，主要有无机氮源［如（NH_4）$_2SO_4$ 等］与有机氮源（包括蛋白胨、氨基酸等），同时还需一些生长素的添加剂（如维生素等）。在培养基灭菌与发酵过程中很易产生大量的泡沫，通常在培养基灭菌时加入消泡剂。

4.6　发酵过程的控制

　　发酵生产水平的高低除了取决于生产菌种本身的性能外，还要受到发酵条件与工艺的影响。只有深入了解生产菌种在生长和合成产物的过程中的代谢和调控机制以及可能的代谢途径，弄清生产菌种对环境条件的要求，掌握菌种在发酵过程中的代谢变化规律，有效控制各工艺条件和参数，使生产菌种始终处于生长和产物合成的优化环境中，从而最大限度地发挥生产菌种的生产能力，才可取得最大的生产性能与经济效益。目前已设计出先进的能在发酵罐内原位安装用于测定温度、pH 值、溶解氧、氧化还原电位、泡沫和液位等参数的传感器。这些传感器可以实时监测发酵罐内相应的工艺参数。结合微生物发酵代谢特性，利用合适的控制策略（如 PID 控制等），当前已经可对发酵过程中温度、pH 值、溶解氧、泡沫、限定性基质浓度等进行自动控制。

第 5 章　常用生物分离实验技术及原理

生物分离是从发酵液、酶反应液或者动植物细胞培养液中分离、纯化产品。原料中目标产物含量少，杂质含量多，原料组分复杂，而生物产品质量要求高。生物分离方法多种多样，同一产品可用不同方法进行分离，一种方法亦可分离多种产品。常用的生物分离方法主要包括细胞破碎、过滤和离心、沉淀、萃取、膜分离和色谱分离等。

5.1　细胞破碎

细胞破碎就是破坏细胞壁或细胞膜，使胞内产物获得最大程度的释放。细胞破碎方法有机械法和非机械法。机械法利用固体剪切或液体剪切破坏细胞，包括珠磨法、匀浆法和超声破碎法等；非机械法利用化学或生化试剂等改变细胞壁或细胞膜的结构，使其通透性增加，细胞中胞内产物释放，包括酶消化法、表面活性剂增溶法、有机溶剂脂溶法等。

5.2　过滤和离心

过滤和离心是固液分离的常用方法，过滤是在某一支撑物上放过滤介质，注入含固体颗粒的溶液，使液体通过，固体颗粒留下，过滤原理为筛分。对于颗粒粒径小、黏度大、过滤速率慢，甚至不能过滤的悬浮液，以及忌用助滤剂或助滤剂无效等难处理的悬浮液，一般用离心。离心分离得到的不是滤饼一样的半干物，而是浆状物。

离心是根据颗粒在匀速圆周运动时受到一个向外离心力的行为发展起来的一种分离分析技术，其分离原理是密度差。离心机转子高速旋转时，当悬浮颗粒密度大于周围介质密度时，颗粒离开轴心方向移动，发生沉降；如果颗粒密度低于周围介质的密度时，则颗粒朝向轴心方向移动而发生漂浮。根据离心原理，离心技术又可以分为差速离心法、密度梯度离心法和等密度梯度离心法。

5.3　沉淀

蛋白质在水溶液中的溶解度是由蛋白质周围亲水基团与水形成的水化膜层，以及蛋白质分子带有电荷所形成的双电层决定的，当破坏蛋白质分子的双电层和蛋白质分子周围的水化膜层时，蛋白质从溶液中析出而产生沉淀。常用的蛋白质沉淀方法有盐析、有机溶剂沉淀和等电点沉淀等。

（1）盐析

向蛋白质的水溶液加入低浓度电解质时，蛋白质表面的双电层厚度增大，使蛋白质分子间排斥作用增加；蛋白质表面的水化层也随之增大，蛋白质分子与水分子间的相互作用加强，因而蛋白质的溶解度增大，称之为蛋白质盐溶。

向蛋白质的水溶液中加入高浓度电解质时，溶液主体中那些与扩散层反离子电荷符号相同的电解质离子将把反离子压入（排斥）到紧密层中，双电层被破坏或降低；由于盐的水化作用，盐争夺蛋白质水化层中的水分子，使蛋白质表面疏水区脱水而暴露，增大它们之间的疏水性作用，水化膜被破坏或降低，称为蛋白质盐析，盐析用盐常为硫酸铵。

（2）有机溶剂沉淀

加入有机溶剂于蛋白质溶液中，降低了溶液的介电常数，使蛋白质之间的静电引力增加，从而出现聚集沉淀；另外，加入有机溶剂于蛋白质溶液中，降低了自由水的浓度，蛋白质表面水化层的厚度降低，亲水性降低，导致脱水凝聚。常用的有机溶剂为乙醇和丙酮，有机溶剂易使蛋白质变性，低温有利于防止其变性，所以有机溶剂沉淀常在低温进行。

（3）等电点沉淀

调节体系 pH 值，使两性电解质的溶解度下降、析出的操作称为等电点沉淀。蛋白质是两性电解质，当溶液 pH 值处于等电点时，分子表面净电荷为 0，双电层被破坏，由于分子间引力，形成蛋白质聚集体，进而产生沉淀。由于在等电点附近溶质仍然有一定的溶解度，等电点沉淀法往往不能获得高的回收率，因此等电点沉淀法通常与盐析、有机溶剂沉淀法联合使用。

5.4　萃取

萃取是利用待分离组分在两个互不相溶的液相中溶解度的不同，从而达到分离的目的。生物分离常用的萃取方法有双水相萃取、液膜萃取和反胶团萃取等。

（1）双水相萃取

两种亲水性高聚物或高聚物与无机盐在水中会形成两个水相，这是由于高聚物的不相容性或盐析作用而引起的。因所使用的溶剂是水，因此称为双水相，在这两相中水分都占很大比例（85%～95%），活性蛋白或细胞在这种环境中不会失活，但可以以不同比例分配于两相，这就克服了有机溶剂萃取蛋白质容易失活并且溶解度低的缺点。常用的双水相体系有聚乙二醇-葡聚糖、聚乙二醇-磷酸盐、聚乙二醇-硫酸铵等。

（2）液膜萃取

液膜萃取涉及三个液相：试样液、反萃取液和这两者之间的薄膜。分离原理类似液-液萃取和反萃取。被分离组分从试样液进入液膜相当于萃取，再从液膜进入接受液（反萃液）相当于反萃取，可以说液膜萃取分离是液-液萃取分离中萃取与反萃取的结合。

液膜是一层很薄的液体，这层液体既可以是水溶液也可以是有机溶液。它能把两个互溶但组成不同的溶液隔开，并通过这层液膜实现物质选择性分离；通常被隔开的两个溶液是水溶液（内、外水相），膜相则是与内外水相都不互溶的油性物质。液膜常由膜溶剂、表面活性剂、流动载体和膜增强剂组成。一般而言，膜相中表面活性剂占 1%～5%，流动载体（萃取剂）占 1%～5%，90%左右是膜溶剂。

（3）反胶团萃取

反胶团萃取是利用表面活性剂在有机相中形成的反胶团，从而在有机相内形成分散的亲水微环境，蛋白质溶解于微水池中，其周围有一层水膜及表面活性剂极性头的保护，使其避免与有机溶剂接触，消除了蛋白质类生物活性物质难于溶解在有机相中或在有机相中发生不可逆变性的现象。

5.5 膜分离

膜分离是以膜为分离介质，借助膜两侧的能量差（如压力差、浓度差、电位差）为推动力，将待分离组分从流体主体中分离出来的过程。

常用的压力驱动膜按膜孔径分为：微滤膜（10nm～10μm）、超滤膜（1～100nm）、纳米过滤膜（1～5nm）和反渗透膜（0.1～1nm）。微滤特别适用于微生物、细胞碎片、微细沉淀物和其他在"微米级"范围的粒子如DNA和病毒等的截留和浓缩；超滤适用于分离、纯化和浓缩一些大分子物质，如蛋白质、多糖、抗生素以及热原；纳米过滤的截留分子量为100～1000左右的物质，可以使一价盐和小分子物质透过；反渗透适用于海水脱盐、超纯水制备，从发酵液中分离溶剂如乙醇、丁醇和丙酮以及浓缩抗生素、氨基酸等。

透析为浓度差驱动的膜，通过水和小分子物质扩散达到分离浓缩的目的。透析应用于制备或提纯生物大分子时，除去小分子物质及其杂质以及脱盐等。

电渗析为电位差驱动的膜，利用分子的荷电性质和分子大小的差别进行膜分离的方法，可用于小分子电解质（如氨基酸、有机酸）的分离和溶液的脱盐。

5.6 色谱

色谱法是利用样品中不同溶质与固定相和流动相之间作用力的差别，当两相做相对移动时，各溶质在两相间进行多次平衡，使各溶质达到相互分离。生物分离中常用的色谱法有离子交换色谱、亲和色谱和凝胶色谱等。

（1）离子交换色谱

离子交换色谱的固定相是离子交换剂，离子交换剂将溶液中的待分离组分依靠库仑力吸附在离子交换剂上，然后利用合适的洗脱剂将吸附质从离子交换剂上洗脱下来，从而达到分离的目的。离子交换色谱用于分离电荷有差异的待分离组分。

离子交换剂是由一类不溶于水的惰性高分子聚合物基质通过一定的化学反应共价结合上某种电荷基团形成的。离子交换剂可以分为三部分：高分子聚合物基质、电荷基团和平衡离子（亦称可交换离子或反离子）。电荷基团与高分子聚合物共价结合，平衡离子是结合于电荷基团上的相反离子，它能与溶液中其他的离子基团发生可逆的交换反应。平衡离子带正电的离子交换剂能与带正电的离子基团发生交换作用，称为阳离子交换剂；平衡离子带负电的离子交换剂与带负电的离子基团发生交换作用，称为阴离子交换剂。

（2）亲和色谱

亲和色谱的固定相是亲和吸附剂，亲和吸附剂将溶液中的待分离组分依靠亲和力结合在吸附剂上，然后利用合适的洗脱剂将吸附质从吸附剂上洗脱下来，达到分离的目的。亲和色谱用于分离亲和力有差异的待分离组分。

生物分子间存在很多特异性的相互作用，它们之间都能够专一而可逆地结合，这种结合力就称为亲和力。亲和色谱就是通过将具有亲和力的两个分子中的一个固定在不溶于水的惰性高分子聚合物基质上，利用分子间亲和力的特异性和可逆性，对另一个分子进行分离纯化。被固定在基质上的分子称为配体，配体和基质是共价结合的，构成亲和色谱的固定相，称为亲和吸附剂。

（3）凝胶色谱

凝胶色谱的固定相是惰性的珠状凝胶颗粒，凝胶颗粒的内部具有立体网状结构，形成很多孔穴。待分离组分进入凝胶色谱柱后，比孔穴孔径大的分子不能进入到孔穴内部，完全被排阻在孔外，只能在凝胶颗粒外的空间随流动相向下流动，经历的流程短，随着流动相洗脱最先流出；而较小的分子则可以完全渗透进入凝胶颗粒内部，经历的流程长，最后流出；分子大小介于两者之间的分子在流动中部分渗透，渗透的程度取决于分子的大小，流出的时间介于两者之间。待分离组分经过凝胶色谱后，各个组分便按分子从大到小的顺序依次流出，从而达到分离的目的。

（4）疏水色谱

疏水色谱的固定相是偶联有疏水性配基的载体，配基通常是一些疏水性基团，如丁基、苯基等。疏水色谱用于分离疏水作用有差异的待分离组分。样品中各组分与疏水性配基间相互作用力有差异，在洗脱时由于各组分移动速度的不同而达到分离。

蛋白质表面多由亲水性基团组成，也有一些由疏水性较强的氨基酸（如亮氨酸、缬氨酸和苯丙氨酸等）组成的疏水性区域。不同种类蛋白质的表面疏水性区域多少不同，疏水性强弱也不同；同一种蛋白质在不同介质中，其疏水性区域伸缩程度也不同，从而使疏水性基团暴露的程度呈现出一定的差异。

在高盐环境下，蛋白质表面的疏水区域暴露，固定相表面修饰了一些疏水的基团，这样蛋白质的疏水部分即可与固定相发生较强的疏水相互作用，从而被结合在固定相表面，而一旦降低流动相的盐浓度，即可实现蛋白质的洗脱。疏水色谱常用于盐析之后的蛋白质进一步纯化。

（5）膜色谱

膜色谱采用具有一定孔径的膜作为介质，连接配基，利用膜配基与蛋白质之间的相互作用进行分离纯化。当料液以一定流速流过膜的时候，目标分子与膜介质表面或膜孔内基团特异性结合，而杂质则透过膜孔流出，待处理结束后再通过洗脱液将目标分子洗脱下来。

膜色谱是将色谱和膜分离技术相结合的一种分离技术，既克服了色谱介质刚性不够、易被压缩、不易获得较高的处理速度、容易污染堵塞等缺点，又解决了膜分离技术对目标产物与杂质大小相近的混合物无法分离的问题。膜色谱融合了二者之长，具有快速、高效、高选择性、易于放大等特点，能满足生物大分子高效分离与纯化的需要。

（6）逆流色谱

逆流色谱是一种连续高效的液-液分配色谱技术，其固定相和流动相为互不相溶的两相。在分离过程中，固定相通过离心力保留在分离柱中，流动相以一定的速度通过固定相并与之混合，样品进入体系后在两相中反复进行分配，最终样品中的不同组分依据其在两相中分配系数的不同先后被洗脱出来，从而达到分离目的。

逆流色谱具有样品负载量大、无不可逆吸附、回收率高和能有效保护物质的生物活性等优点，且样品不经过复杂的处理即可直接上样，因而具有从复杂生物体系中高效分离蛋白质和多肽的潜力。

第 6 章　生物反应工程实验原理

生物反应工程（Bioreaction Engineering）以生物反应动力学为基础，将传递过程原理、设备工程学、过程动态学及最优化原理等化学工程学方法与生物反应过程的反应特性方面的知识相结合，进行生物反应过程分析与开发，以及生物反应器的设计、操作和控制等。

本章主要介绍生物反应工程实验中较典型的均相酶和固定化酶的催化反应动力学、生物反应器的操作和性能测定、生物反应器溶氧体积传质系数的测定以及停留时间分布测定的相关实验原理。

6.1　酶催化反应动力学

酶催化反应动力学是研究酶催化反应速率以及影响该速率各种因素的学科。

反应速率用单位时间内反应物或生成物浓度的改变来表示。反应分子数是指反应中真正相互作用的分子数目，判断一个反应是单分子反应还是双分子反应，必须先了解反应机制，反应机制往往很复杂，不易弄清楚，但是反应速率与浓度的关系可用实验方法来确定，从而帮助推断反应机制。

根据实验结果，整个化学反应的速率服从哪种分子反应速率方程式，这个反应即为几级反应。对于某一反应，其总反应速率能以单分子反应的速率方程式表示，那么这个反应为一级反应；若能以双分子反应的速率方程式表示，那么这个反应为二级反应；反应速率与反应物浓度无关，则为零级反应。

反应分子数和反应级数对简单的基元反应来说是一致的，但对某些反应来说是不一致的。例如蔗糖的水解反应属于双分子反应，但由于蔗糖的稀水溶液中，水的浓度比蔗糖浓度大得多，水浓度的减少与蔗糖比较可以忽略不计，因此，反应速率只决定于蔗糖的浓度，该反应符合一级反应。

反应平衡是指可逆反应的正向反应和逆向反应仍在继续进行，但反应速率相等的动态过程。反应的平衡常数与酶的活性无关，与反应速率的大小无关，而与反应体系的温度、反应物及产物浓度有关。

6.1.1　均相酶催化反应动力学

由于均相反应是酶分子和反应物系（底物分子、产物分子等）处于同一相——液相中的反应，不存在相间的物质传递，不用考虑传质过程的影响，因此均相酶催化底物的反应属于分子水平上的反应。它所描述的反应速率与反应物系的基本关系，反映了酶催化反应的本征动力学关系。

均相酶催化反应动力学不仅为细胞反应动力学和固定化生物催化剂反应过程动力学的建立提供了依据，也为酶催化反应过程的设计和操作提供了重要的理论基础。

（1）米氏方程

建立米氏方程需满足以下几点：

① 初始底物浓度 $c_{S_0} \gg$ 初始酶浓度 c_{E_0}，中间复合物 ES 的形成不会降低底物浓度 c_S；

② 反应过程酶的总浓度不变；

③ 产物 P 的浓度较低，产物的抑制作用可以忽略。

考虑到很多酶催化反应生成产物的速率较快，常采用拟稳态模型建立米氏方程。该模型认为：由于酶反应体系中的底物浓度远高于酶的浓度，中间复合物分解时得到的酶又立即与底物结合，从而使反应体系中复合物的浓度维持不变，即中间复合物的浓度不再随时间而变化，即为"拟稳态"假设。

由此模型建立米氏方程的一般形式：

$$v = \frac{\mathrm{d}[\mathrm{P}]}{\mathrm{d}t} = \frac{v_{\max}[\mathrm{S}]}{K_{\mathrm{m}} + [\mathrm{S}]} \tag{6.1}$$

式中，$v_{\max}$ 表示最大反应速率；$[\mathrm{S}]$ 表示底物浓度；K_{m} 表示米氏常数。

（2）米氏方程的动力学特征

酶和底物是构成酶催化反应系统的最基本因素，它们决定了酶催化反应的基本性质，因此酶与底物的动力学关系是整个酶反应动力学的基础。

对绝大多数酶催化反应，在过量底物存在时，除极少数酶外，其反应速率与酶的浓度成正比。底物浓度对酶催化反应速率的影响为非线性，其关系较复杂。当底物浓度较低时，反应速率随底物浓度的提高而增加；当底物浓度较高时，反应速率则随底物浓度的提高而趋于稳定。在某一 c_{E_0} 值下，米氏方程所描述的反应速率与底物浓度的关系曲线如图 6.1 所示。

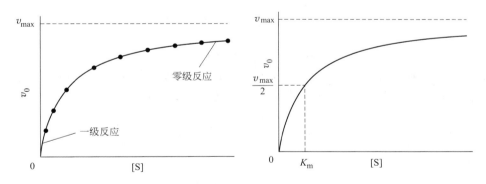

图 6.1　反应速率与底物浓度关系曲线图

从图 6.1 可以看出，米氏方程是以 $v_{\max}$ 为渐近线的双曲线方程。在 v-c_S 关系曲线上，表示了三个具有不同动力学特点的区域。

当 $c_S \ll K_{\mathrm{m}}$ 时，曲线近似为一条直线，表示反应速率与底物浓度近似为正比关系，可视为一级反应：$v = v_{\max} c_S / K_{\mathrm{m}}$。大多数酶以游离态存在，而 ES 浓度较低，通过提高 c_S 值，进而提高 ES 浓度，才能加快反应速率。

当 $c_S \gg K_{\mathrm{m}}$ 时，曲线近似为一条水平线，表示底物浓度增加时，反应速率变化很小，可视为零级反应：$v = v_{\max}$。此时绝大多数酶呈现复合物状态，游离酶很少，底物出现饱和现象，即使提高底物浓度，也难以提高反应速率。

当 c_S 与 K_m 的数量关系处于上述两者之间时，随着底物浓度增加，反应速率的增加率逐渐变小，即反应速率不再与底物浓度成正比，表现为变级反应。此时需要用米氏方程才能表示其动力学关系。

（3）米氏方程动力学参数的确定

v_{max} 和 K_m 是米氏方程中两个重要的动力学参数。v_{max} 表示了全部酶呈现复合物状态时的反应速率，即最大初始反应速率。米氏常数 K_m 是酶的特征常数，只与酶的性质有关，米氏方程也正是通过 K_m 值大小，部分描述了酶催化反应的性质和反应条件对酶催化反应速率的影响。在动力学实验的基础上，经过适当的数据处理，可求取 v_{max} 和 K_m 值。由于米氏方程为双曲线函数，应先将该方程线性化，再通过作图法或线性最小二乘法求取参数。主要有以下几种方法。

① Lineweaver-Burk 法　又称双倒数作图法。将米氏方程左右两边取倒数，整理后得到：

$$\frac{1}{v} = \frac{K_m}{v_{max}} \frac{1}{[S]} + \frac{1}{v_{max}} \tag{6.2}$$

以 $1/[S]$ 对 $1/v$ 作图，得到一条直线。直线在横轴上的截距为 $-1/K_m$，在纵轴上的截距为 $1/v_{max}$，即可求得 K_m 和 v_{max}。如图 6.2 所示。

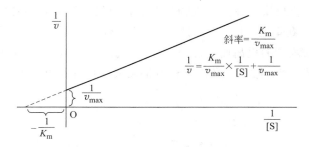

图 6.2　Lineweaver-Burk 法示意图

此方法的主要问题是：当底物浓度较低时，相应的反应速率也较小，取其倒数则使数据误差进一步放大。所以在底物浓度低时，不适宜采用此法。

② Hanes-Woolf 法　又称 Langmuir 作图法。将 $\dfrac{1}{v} = \dfrac{K_m}{v_{max}} \dfrac{1}{[S]} + \dfrac{1}{v_{max}}$ 两边乘以 $[S]$ 得：

$$\frac{[S]}{v} = \frac{K_m}{v_{max}} + \frac{[S]}{v_{max}} \tag{6.3}$$

以 $[S]$ 对 $\dfrac{[S]}{v}$ 作图，得到一条直线。直线在横轴上的截距为 $-K_m$，在纵轴上的截距为 $\dfrac{K_m}{v_{max}}$，即可求得 K_m 和 v_{max}。

③ Eadie-Hofstee 法　将米氏方程重排，得：

$$v = v_{max} - K_m \frac{v}{[S]} \tag{6.4}$$

以 v 对 $\dfrac{v}{[S]}$ 作图，得一斜率为 $-K_m$ 的直线，与纵轴交点为 v_{max}，与横轴交点

为 $\dfrac{v_{\max}}{K_m}$。

④ 积分法　将米氏方程进行积分，得：

$$\frac{[S]_0-[S]}{t}=v_{\max}-K_m\,\frac{1}{t}\ln\frac{[S]_0}{[S]} \tag{6.5}$$

以 $\dfrac{[S]_0-[S]}{t}$ 与 $\dfrac{1}{t}\ln\dfrac{[S]_0}{[S]}$ 对应作图，得到一直线，斜率为 $-K_m$，截距为 $v_{\max}$。

上述①、②、③均属于微分作图法，微分法与积分法的比较如下：

a. 微分法中要引入反应速率为变量，但实验中不能直接测定反应速率，在 c_S 与 t 的关系曲线上求取相应各点的切线斜率，才能确定不同时间的反应速率。

b. 积分法的主要问题是要保证随着反应的进行，反应产物的增加对反应速率不产生影响，否则不符合米氏方程成立的条件。

c. 现在可用非线性最小二乘法回归处理实验数据，直接求取动力学参数。

6.1.2　固定化酶的催化反应动力学

通过将酶固定化，增加了酶的稳定性，简化了酶与底物及产物的分离，使固定化酶可以长期连续或反复使用，大大降低了酶催化反应的成本。固定化酶的方法主要有四种，分别是包埋法、吸附法、共价键法及共价交联法。固定化酶作为催化剂与无机固体催化剂具有类似的性质，但也有生物催化剂自身的特点。

（1）固定化酶单一粒子的总反应速率

含固定化酶粒子的反应体系与非均相催化反应类似，至少存在液-固两相。当有气体参与反应时，还会形成三相体系。一般，底物总是在连续相（水）中，而固定化粒子则悬浮于水中，为了使反应得以进行，底物必须从水溶液通过液膜扩散到粒子表面，随后在粒子的孔隙中扩散，才能与酶接触并发生反应，产物则沿着与此相反的途径扩散。由于可测量的参数只是液相主体中底物和产物的浓度，因此首先要研究总反应速率的问题。

在稳态下，液膜内的扩散只是由分子扩散引起，扩散通量是一个常数，由费克定律和边界条件，可得

$$\frac{1}{k_{MF}}=\frac{R_i\delta_m/(R_i+\delta_m)}{D_m}+\frac{1}{k_F} \tag{6.6}$$

式中，R_i、δ_m 及 D_m 分别为膜内侧半径、膜厚度及膜内扩散系数；k_{MF}、k_F 分别为总传质速率和液膜传质系数。

（2）球形粒子内零级反应的扩散反应方程

对于变级和一级反应，颗粒内部底物浓度和反应速率均随时间和空间而变化，无法得到解析解。因此，本部分只简单讨论零级反应时颗粒内部的反应动力学。

当固定化酶粒子为球形且酶在粒子内分布均匀时，由球形颗粒内的质量衡算和边界条件，可得扩散反应方程

$$\frac{d^2[S]}{dr^2}+\frac{2}{r}\frac{d[S]}{dr^2}+\frac{v_{\max}}{D_{es}} \tag{6.7}$$

积分后，得

$$[S]_0 - [S] = \frac{v_{max}}{6D_{es}}(R^2 - r^2) \qquad (6.8)$$

式中，$[S]_0$、$[S]$ 分别为初始底物和反应过程中底物浓度；v_{max}、D_{es} 分别为最大本征反应速率和扩散系数；R、r 分别为颗粒半径和底物距球心的距离。只要 S 不是负值，上述关系式就能成立。因此，从 $r = R$ 向内直到临界半径 R_c（此时，$[S] = 0$），式(6.8)都成立。

（3）表面固定化酶的反应速率

当酶只是被固定在载体表面上时，只要考虑从液相主体向表面的扩散及在表面上的反应就可以了。根据 Nernst 扩散层模型，在稳态条件下，底物不会在催化剂界面上积累，底物传质速率必须等于界面上的反应速率，可得

$$\frac{1-x}{Da} = \frac{x}{\kappa + x} \qquad (6.9)$$

式中，$x = \frac{[S]}{[S]_0}$，$\kappa = \frac{K_m}{[S]_0}$，$Da = \frac{v_{max}}{k_s[S]_0}$（$k_s$ 为传质系数，K_m 为米氏常数），Da 称为丹克莱尔数，是最大反应速率和最大传递速率之比，可作为判断扩散控制区或反应控制区。

当 $Da \gg 1$ 时，属于扩散控制区；当 $Da \to 0$ 时，反应速率是控制因素，表观动力学与本征动力学一致；当 $Da \to \infty$ 时，属扩散控制区。因此，只要 Da 值足够大，表观反应速率总是与液相主体中底物浓度是一级反应动力学，而与本征动力学无关。

6.2　生物反应器中氧的传递特性

当生物反应为多相反应体系时，生物反应过程的速率不仅与生物化学反应的速率有关，而且也与相间传质速率有关。生物反应器中质量传递过程包括气-液传递和液-固传递。液-固传递主要发生于反应体系中含固定化酶、固定化细胞、生物膜和絮凝细胞团的反应过程。气-液传递主要是需氧细胞反应过程中氧的传递，因此本部分重点讨论细胞反应体系中氧在气-液相间的传质特性。

6.2.1　氧的传递过程

在发酵中微生物只能利用溶解于水中的氧，不能利用气态的氧。而氧是难溶气体，在 25℃ 和 1×10^6 Pa 时，空气中的氧在纯水中的溶解度仅为 0.25mol/m^3 左右，由于发酵液中含有大量有机物和无机盐，实际氧在液相中的溶解度更低。每升发酵液中菌体数一般为 $10^8 \sim 10^9$ 个，耗氧量大，如果依靠氧的自溶，短时间内发酵液中的溶解氧将降为零。因此，氧常常成为发酵过程的限制性因素，解决好氧的传递成为生物反应过程的关键问题。

由图 6.3 可以看出，氧传递阻力包括：气膜阻力（$1/k_1$）、气-液界面阻力（$1/k_2$）、液膜阻力（$1/k_3$）、反应液阻力（$1/k_4$）、细胞外液膜阻力（$1/k_5$）、液体与细胞之间界面的阻力（$1/k_6$）、细胞之间介质的阻力（$1/k_7$）、细胞内部传质的阻力（$1/k_8$）。克服上述各步传递阻力的总推动力是气相主体与细胞内的氧分压之差。

对大多数单细胞反应体系，其反应液是完全混合的，则氧传递的主要阻力是来自围绕气泡周围液膜的传递阻力，决定氧传递速率的控制步骤是氧通过该膜的传递速率。所以

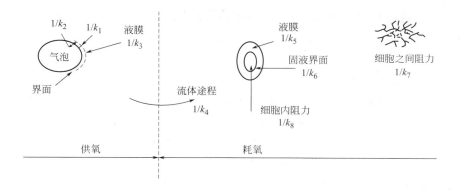

图 6.3　氧从气泡到细胞中的传递过程示意

工业上常将通入反应液的空气分散成细小的泡沫，尽可能增大气-液两相的接触界面和接触时间，以促进氧的传递。

6.2.2　气-液相间氧的传递模型

在提出的一些氧在气-液相间的传质基本理论中，被广泛用于解释传质机理和作为设计计算的主要模型是停滞膜模型。

① 在气-液两个流体相间存在界面，界面两旁具有两层稳定的薄膜，即气膜和液膜。这两层稳定的薄膜在任何流体动力学条件下，均呈滞流状态。

② 在气-液界面上，两相的浓度总是相互平衡的（空气中氧的浓度与溶解在液体中的氧的浓度处于平衡状态），即界面上不存在氧传递阻力。

③ 在两膜以外的气-液两相的主流中，由于流体充分流动，氧的浓度基本上均匀，因此，氧由气相主体到液相主体所遇到的阻力仅存在于两层滞流膜中。

以液相浓度为基准可得下式：

$$N = \frac{推动力}{阻力} = \frac{c_i - c}{1/k_L} = \frac{c^* - c_i}{1/k_G} = \frac{c^* - c}{1/k_L + H/k_G} = K_L(c^* - c) \tag{6.10}$$

式中，N 为氧的传递通量；k_L 为液膜传质系数；k_G 为气膜传质系数；c_i 为气-液界面上的平衡浓度；c 为反应液主流中氧的浓度；c^* 为与气相氧分压相平衡的氧浓度；H 为亨利常数；K_L 为以液膜为基准的总传质系数。

各传质阻力的大小取决于气体的溶解度。如果气体在液相中的溶解度高，如氨气溶于水中时，液相的传质阻力相对于气相的可忽略不计；反之，对于溶解度小的气体，总传质系数 K_L 接近液膜传质系数 k_L，此时，总传质过程为液相中的传递过程所控制。由于氧是难溶气体，因此，有：

$$N_a = K_L a(c^* - c) \tag{6.11}$$

式中，N_a 表示单位体积反应液中氧的传质速率，$mol/(m^3 \cdot s)$；$K_L a$ 表示体积传质系数，s^{-1}。

以上是以微生物只利用溶解于液体中的氧为依据进行讨论的，实际上，液膜中存在的微生物细胞也可直接利用空气中的氧气，但其数量与反应液内部的微生物细胞的数量相比甚微，故可不考虑。

6.2.3 氧的体积传质系数 K_La 的实验测定

氧的体积传质系数 K_La 的测定有多种方法，现主要介绍亚硫酸盐氧化法、动态法和稳态法。

（1）亚硫酸盐氧化法

正常条件下，亚硫酸根离子的氧化反应非常快，远大于氧的溶解速度。当 Na_2SO_3 溶液的浓度在 $0.018\sim0.45mol/L$ 内、温度在 $20\sim45℃$ 时，反应速率几乎不变。所以，氧一旦溶解于 Na_2SO_3 溶液中立即被氧化，反应液中的溶解氧浓度为零，此时氧的溶解速度（氧传递速度）成为控制氧化反应速率的决定因素。

以铜（或钴）离子为催化剂，亚硫酸钠的氧化反应式为：

$$2Na_2SO_3 + O_2 \xrightarrow{Cu^{2+}\text{或}Co^{2+}} 2Na_2SO_4 \tag{6.12}$$

过量的碘与反应剩余的 Na_2SO_3 反应：

$$Na_2SO_3 + I_2 + H_2O \longrightarrow Na_2SO_4 + 2HI \tag{6.13}$$

再用标准的 $Na_2S_2O_3$ 溶液滴定剩余的碘：

$$2Na_2S_2O_3 + I_2 \longrightarrow Na_2S_4O_6 + 2NaI \tag{6.14}$$

根据 $Na_2S_2O_3$ 溶液消耗的体积，可求出 Na_2SO_3 的浓度。步骤为：

① 在试验缸加入 Na_2SO_3 晶体，使其浓度为 $1mol/L$ 左右，再加化学纯的 $CuSO_4$。

② 进行通风搅拌。

③ 每隔一定时间放样，样液放入装有定容和浓度为 $0.1mol/L$ 的碘液中。

④ 用 1% 淀粉作指示剂，用 $0.1mol/L$ $Na_2S_2O_3$ 滴加过量的碘至终点。

与未通气的空白对照相比，每消耗 $1mol$ 溶解氧可氧化 $2mol$ Na_2SO_3，剩余 $2mol$ I_2，即额外多消耗 $4mol$ $Na_2S_2O_3$。因此，每额外多滴定消耗 $1mol$ $Na_2S_2O_3$，就必定通入 $1/4mol$ 溶解氧。

根据

$$N_a = K_Lac^* = \Delta V \times M / (4 \times 1000mt) \quad [mol/(mL \cdot min)] \tag{6.15}$$

或

$$N_a = \Delta V \times M \times 60 / (4mt) \quad [mol/(L \cdot h)] \tag{6.16}$$

求得 K_La。

式中，ΔV 表示通气样与空白样分别加等量碘液后滴定 $Na_2S_2O_3$ 的体积之差，mL；M 表示 $Na_2S_2O_3$ 的摩尔浓度，mol/L；m 表示样液的体积，mL；t 表示通气时间，min。

由于该方法要多次取样，因此有人提出了只需要分析出口气体中氧的含量，省去了滴定操作的 K_La 测定方法。K_La 值可由下式给出：

$$K_La = \frac{\rho V_A}{c^* V_L}(G_{in} - G_{out}) \tag{6.17}$$

式中，ρ 表示空气的密度；V_A 表示空气的体积流量；V_L 表示反应液的体积；G_{in} 和 G_{out} 分别为进出口气体中氧的摩尔分数。

亚硫酸盐法的优点是适应 K_La 值较高时的测定，方法简单，不需要特殊仪器；但对于大型反应器来讲，每次实验都要消耗大量的高纯度的亚硫酸盐，而且所模拟的溶液与实际细胞反应体系有较大差别，因此所测得数据不能完全反映真实反应状态下的溶解氧情况，仅能表示反应器通气效率的优劣。

（2）动态法

由于亚硫酸盐法测定 K_La 是在非培养条件下进行的，因此所测 K_La 值与实际培养体系的 K_La 值存在差异。

采用氧电极测量 K_La 除具有操作简单、受溶液中其他离子干扰少外，还可在微生物培养状态下快速、连续地测量，所得信息可迅速为发酵过程控制所参考，因此在实际培养体系中常使用氧电极法测定 K_La。利用氧电极进行 K_La 的测量有多种方法，动态法是常用方法之一。

在需氧的细胞反应过程中，若突然中断通气，则反应液中的溶解氧浓度会迅速下降；再恢复通气，溶解氧浓度又会升高。用溶氧电极在线记录该过程中溶解氧浓度的动态变化曲线，通过作图可以间接地确定 K_La 值，称为动态法。

在通气情况下，反应液中氧的衡算方程为：

$$\frac{\mathrm{d}c}{\mathrm{d}t}=K_La(c^*-c)-Q_{O_2}X \tag{6.18}$$

当系统稳定时，溶解氧浓度不再随时间变化，在某一时间 t，突然中断通气，导致反应液中溶解氧浓度随时间呈直线下降，氧的衡算方程为：

$$\frac{\mathrm{d}c}{\mathrm{d}t}=-Q_{O_2}X \tag{6.19}$$

式(6.19) 成立的前提是，中断通气后的短时间内，反应液中的溶解氧浓度仍在临界溶解氧浓度之上，细胞仍会维持通气时的呼吸速率，所以溶解氧浓度直线下降，该直线的斜率为 $-Q_{O_2}X$。

当液体的溶解氧浓度下降到一定程度时（不低于临界溶解氧浓度），再恢复通气，培养液中溶解氧浓度将逐渐升高，最后恢复到原先的水平，此时溶解氧浓度的变化规律可由第一个衡算方程重排为：

$$c=-\frac{1}{K_La}\Big(\frac{\mathrm{d}c}{\mathrm{d}t}+Q_{O_2}X\Big)+c^* \tag{6.20}$$

根据恢复通气后 c-t 的变化曲线，可求出某一溶解氧浓度时所对应的 $\dfrac{\mathrm{d}c}{\mathrm{d}t}$（即该点斜率）值，将 c 与 $\Big(\dfrac{\mathrm{d}c}{\mathrm{d}t}+Q_{O_2}X\Big)$ 对应作图，由所得直线的斜率求出 K_La 值，并由截距得到 c^*。如图 6.4 所示。

动态法的优点是仅需测定溶解氧浓度随时间的变化，即可求出 K_La 值，该方法简单方便，并能准确测定实际细胞反应过程的 K_La 值。其缺点是人为停止通气后的情况与在反应器中连续通气的实际情况存在一定的差异，而且停止通气会影响细胞的正常生长，存在一定的误差，并可能存在覆膜氧电极的响应滞后现象。另外，对实际细胞反应体系，若其溶解氧浓度低于细胞的临界溶解氧浓度时，反应过程受氧

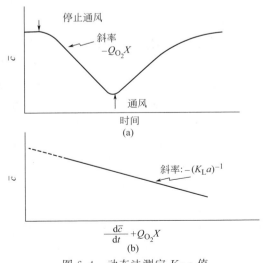

图 6.4　动态法测定 K_La 值

传递速率的限制，所测得摄氧率 Q_{O_2} 不为常数，此法不能用。

（3）稳态法

稳定状态下，反应器内 X 和 c 均不随时间变化，耗氧速率等于供氧速率，有：

$$Q_{O_2} X = K_L a(c^* - c) \tag{6.21}$$

利用氧电极测定反应液中溶解氧浓度 c，$K_L a$ 可由下式求出：

$$K_L a = \frac{Q_{O_2} X}{c^* - c} \tag{6.22}$$

稳定状态下，单位时间内反应所消耗的氧等于同期进、出口的氧量之差。

$$Q_{O_2} X = \frac{V_A}{V_L}(G_{in} - G_{out}) \frac{p}{760} \times \frac{273}{T + 273} \times \frac{\rho}{2.24} \tag{6.23}$$

用此法测定 $K_L a$ 值，除需测定反应液中的溶解氧浓度外，还需测定通气量、进口和反应器气体中氧的摩尔分数。

对小型反应器，易实现完全混合，其溶解氧浓度均一，只测量一个 c 即可，并可用出口气体的氧分压来求 c^*；对大型反应器，或反应液为非牛顿性流体的反应器，难以实现完全混合，需测多个 c 值，取其平均值。而 c^* 值可分别按气体进出口分压来确定相应的饱和溶解氧浓度，在确定 $K_L a$ 值时采用 $(c^* - c)$ 的对数平均值。用稳态法测定 $K_L a$ 值比较真实可靠，但其可靠性受到所测数据准确性的影响，且步骤烦琐。

6.3　生物反应器的操作动力学

生物反应器的操作方式多样，最常见的操作方式有间歇操作、连续操作和流加操作（半连续操作）。前两种操作方式是等体积过程，而后一种操作是变体积过程。

6.3.1　间歇操作

最简单的细胞培养操作方式是间歇培养。间歇培养（batch culture），也称分批培养或批式培养，是指将细胞种子接入灭好菌的新鲜培养基中培养，直至反应结束的简单过程。通常，反应体系被认为是全混的（well-mixed），而且培养过程中除必要的气体进出外，反应体系不与外界发生其他物质交换。

（1）间歇操作时细胞的生长与底物消耗

将细胞接入新鲜培养基后，定时取样分析细胞浓度随时间的变化，可以发现细胞的生长曲线呈明显的迟滞期、加速期、指数期、减速期、稳定期和死亡期几个阶段。

为了简化动力学分析，在探讨间歇培养时不考虑迟滞期，而认为接种后细胞马上在培养体系里正常增殖，并假设所有底物消耗均用于细胞的生长且不考虑产物的抑制作用。

对间歇培养，由于因气相传质造成的反应体系质量变化一般很小，可以忽略，由于是等体积过程，因此反应体系的物料平衡可以描述为：

$$\frac{dc_i}{dt} = r_i \tag{6.24}$$

如果只有一种限制性底物，根据 Monod 方程，细胞浓度随时间的变化可以描述为：

$$\frac{d[X]}{dt} = r_X = \frac{\mu_{max}[S][X]}{K_S + [S]} \tag{6.25}$$

由于所有底物都消耗于细胞合成，且细胞对底物的得率系数 $Y_{X/S}$ 为常数，则：

$$\frac{d[S]}{dt} = -\frac{1}{Y_{X/S}}\frac{d[X]}{dt} = -\frac{1}{Y_{X/S}}\frac{\mu_{max}[S][X]}{K_S+[S]} \qquad (6.26)$$

根据初始条件 $t=0$，$[S]=[S]_0$，积分可求出要达到一定的底物转化率所需的时间。

（2）考虑细胞死亡的间歇操作动力学

在间歇培养中，由于细胞的分裂，使细胞的数量或浓度不断增加，与此同时，部分细胞则由于衰老而死亡，而且随着时间的推移，在细胞密度增加的同时，衰老细胞的比例也在不断地增加，使细胞的死亡速率逐渐加快。到稳定期时，细胞增长速率与死亡速率达到动态平衡。到死亡期后，由于衰老细胞比例的上升，最终导致细胞死亡的速率超过生长速率，活细胞数量迅速下降。因此，死亡期细胞数量的减少实际上是细胞群体的发展历史中导致细胞衰老和死亡的因素不断积累所致。这些因素可能包括有毒代谢物的积累、细胞生长因某些偶然错误而停滞、细胞个体间因生存竞争而产生某些不利于群体增长的相互作用等。在间歇培养过程中，这些导致细胞衰老和死亡的因素可以归结为一个虚拟的浓度（c），其积累速率与当时的细胞群体数量相关，即：

$$\frac{dc}{dt} = K(t)[X](t) \qquad (6.27)$$

而细胞的死亡速率可以认为与这种导致细胞衰老和死亡的因素的积累量成正比。若假设 $K(t)$ 不随时间变化，就可以将导致细胞死亡的影响加到细胞的逻辑增长公式中：

$$\frac{d[X]}{dt} = k[X](1-\beta[X]) + K_0\int_0^t [X](t)dt \qquad (6.28)$$

上式可以描述包括细胞死亡阶段在内的间歇培养全过程，由于式中的积分项无法获得解析解，故只能采用数值解进行计算，另外模型参数也从原来的两个增加到了三个。由于大多数发酵过程在细胞浓度下降前就已经结束，描述间歇培养的动力学模型没有必要考虑细胞死亡期。

6.3.2 连续操作

细胞连续培养过程中，培养基连续地流入生物反应器，同时细胞和发酵液连续地流出生物反应器。它有两种理想的操作模式，一种称为连续搅拌罐反应器，另一种称为平推流反应器。本节只介绍连续搅拌罐反应器的操作动力学。

连续搅拌罐反应器（continuous stirredtank reactor，CSTR）是 20 世纪中叶发展起来的一种主要应用于生物反应动力学研究的全混反应器形式，其优点在于可以获得稳态时的动力学数据，易于比较直观可靠地推算动力学参数。

根据实现稳态的方法不同，可分为两类。一类为恒化器，通过保持稳定的进料流量和浓度、出料流量，严格控制反应器中温度、pH 值、溶解氧浓度及液位等操作条件不变，依靠微生物本身的生长和代谢特性，达到反应器中细胞、底物和产物浓度基本维持恒定的稳态操作；另一类为

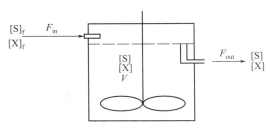

图 6.5 全混反应器示意图

恒浊器，以反馈控制反应器中的细胞浓度（浊度表示）来实现稳态操作，目前应用较少。本部分只介绍恒化器。

如图 6.5 所示的连续进料和连续出料的全混反应器，忽略维持能和产物生成，可以对生物反应器进行质量衡算。

由于理想恒化器的进料和出料流率及反应器内的液体体积均保持恒定，当反应体系达到稳态时，反应器中的细胞浓度和底物浓度也保持恒定。可得：

$$D = \mu = \frac{\mu_{max}[S]}{K_S + [S]} \tag{6.29}$$

因此，稳态时的底物浓度

$$[S]_{ss} = \frac{DK_S}{\mu_{max} - D} \tag{6.30}$$

细胞浓度

$$[X]_{ss} = Y_{X/S}\left([S]_f - \frac{DK_S}{\mu_{max} - D}\right) \tag{6.31}$$

从上式中可以看到，稳态时的细胞浓度与进料液中的底物浓度紧密相关。如果进料液中的底物浓度远大于稳态时的底物浓度（由于饱和常数很小，当稀释率也较小时确实如此），则稳态时的细胞浓度近似地与进料液中的底物浓度成正比。

6.3.3　流加操作

流加培养即补料-间歇培养（fed-batch cultivation），又称为半连续培养，是指在培养过程中补加底物，但不出料的操作模式，因而在培养过程中反应体系的体积不断增大。它是介于间歇操作和连续操作之间的一种操作方式。

流加操作结合了间歇操作反应器简单、过程控制容易和连续操作易于控制反应体系中的底物浓度等优点，又部分避免了间歇操作生产效率低和连续操作容易染菌、高产菌株的遗传特征容易丢失等缺点。

其特点是能够在相当长的时间内维持生物反应器中底物的充分供应，同时又能使底物浓度保持在较低的水平，可以消除底物抑制和葡萄糖效应，促进细胞生长和产物积累，同时还能补充在通气搅拌过程中水的大量蒸发损失，改善培养液中的传质和流变特性。流加培养的两个基本目标是：细胞的高密度培养及延长细胞处于稳定期的时间以提高次级代谢产物的积累。从工业应用角度来说，流加培养是一种非常理想的操作模式。

由于流加培养时要控制底物浓度在很低的水平，因此可以采用拟稳态假设，由质量衡算，可得

$$F = \frac{1}{Y_{X/S}} \frac{\mu[X]V}{[S]_f} \tag{6.32}$$

假设进料液中的底物 $[S]_f$ 不随时间变化，设定 μ 为常数，积分可得

$$F = \frac{1}{Y_{X/S}} \frac{\mu[X]V}{[S]_f} = \frac{1}{Y_{X/S}} \frac{\mu[X]_0 V_0}{[S]_f} e^{\mu t} = F_0 e^{\mu t} \tag{6.33}$$

可见，只要按式(6.33)进行指数流加就可以近似地控制比生长速率不变。

从以上动力学推导的结论看，只要保持指数进料，就可以使细胞一直按固定的比生长速率不断生长。但是，实际操作时，细胞的指数生长是有限度的。当细胞浓度增长到某一

个上限值后，此前的某些非限制性因素可能因细胞浓度的增大或这些因素本身浓度的降低而成为新的限制性因素，从而使细胞的高速生长不能继续。这些因素包括维生素浓度、无机盐浓度和氧传递速率等。

6.4 连续式生物反应器的流动模型

对于连续式生物反应器，由于流体在系统中流速分布的不均匀、流体的分子扩散和湍流扩散、搅拌引起的强制对流，以及由于反应器的设计加工和安装不良而产生的死区、沟流和短路等原因，使得流体粒子在系统中的停留时间有长有短，有些物料很快离开了反应器，有些物料则经历很长的一段时间后才离开，停留时间分布复杂。

物料粒子在反应器内的停留时间分布是一个随机过程。对随机过程可用描述概率分布的方法来描述物料粒子的停留时间分布，即停留时间分布密度函数和停留时间分布函数。通过考察流体在反应器内的停留时间分布，研究反应体系的宏观混合状况，研究流体流动及其对生物反应的影响。

对连续操作的全混反应器，一种非反应组分（示踪剂）稳态时的质量平衡方程为：

$$\frac{dc}{dt} = \frac{F_{in}}{V_R}(c_{in} - c)$$ (6.34)

式中，c_{in} 为示踪剂在进料液中的浓度；c 为反应器中该组分的浓度；F_{in} 和 V_R 分别为进料流量和反应器体积。

若从 $t=0$ 开始，进料液中该示踪剂浓度为 c^*，而在此之前反应器中该示踪剂浓度为零，也就是说示踪剂浓度为阶跃变化，即

当 $t=0$ 时，$\qquad\qquad\qquad c(0) = 0$

当 $t \geq 0$ 时，$\qquad\qquad\qquad c_{in}(t) = c^*$

积分可得

$$\frac{c(t)}{c^*} = 1 - e^{-(F_{in}/V_R)t}$$ (6.35)

将其称为分布函数（F 函数）：

$$F(t) \equiv \frac{c(t)}{c^*}$$ (6.36)

如果将反应器中的液体看成是由两种"组分"组成的，其中一种组分（"A组分"）完全不含示踪剂，而另一种组分（"B组分"）则含与进料液浓度相同的示踪剂，那么 $F(t)$ 就代表了"B组分"占总反应器中所有液体的比例。由于"B组分"是从 $t=0$ 时刻开始进入反应器，实际上 $F(t)$ 也就代表了在反应器中停留时间小于 t 的物料的比例，其值随时间而增大。而 $F(t)$ 对时间导数则是停留时间在 t 到 $t+dt$ 之间的物料占总物料的比例。因此，全混流式反应器的停留时间分布密度函数 $\xi(t)$ 的表达式为

$$\xi(t) = \frac{dF(t)}{dt} = -\frac{d\left[\frac{c(t)}{c^*}\right]}{dt} = \frac{F_{in}}{V_R}e^{-(F_{in}/V_R)t}$$ (6.37)

第7章 酶工程及生物催化原理

7.1 细胞固定化概述

微生物细胞固定化的原理是将微生物活细胞利用物理或化学的方法，使细胞与固体的水不溶性支持物相结合，使其既不溶于水，又能保持微生物的活性。细胞固定化的优点主要有：①发酵或者催化反应完毕菌体与发酵液或反应体系易于分离，后处理工艺简单；②固定化为细胞提供一个保护载体，有利于细胞活性的保持；可以保持较高的细胞密度，有利于提高生物催化的强度，而提高产物的浓度，进而降低分离成本；③更重要的是，固定化细胞能反复使用，省去多次细胞培养过程，使用成本降低。固定后的微生物细胞可以实现高密度填充，因而可用于高密度连续的生物催化与微生物发酵过程，极大地提高了生产效率。该技术是近代微生物工程的重要革新，展示着广阔的前景。固定化细胞的应用范围极广，目前已遍及工业、医学、制药、化学分析、环境保护、能源开发等多个领域。

7.2 细胞固定化方法

活性细胞固定化的方法主要有三类：吸附法、共价键结合法和包埋法。

(1) 吸附法

吸附法主要通过载体与细胞间的引力，即细胞表面与载体之间的范德华力、静电引力和氢键作用力，使得细胞固定在载体上。影响细胞吸附于载体的因素有：①Z-电位，Z-电位能近似地代表表面电荷密度的大小；②细胞的性质和细胞壁的组成，细胞壁的电荷性质；③载体的性质等。常使用具有高度吸附能力的硅胶、活性炭、多孔玻璃、沸石、石英砂和纤维素等作为细胞吸附的固定化载体。吸附法的过程技术要求简单，成本低，载体可再生重复利用，空间位阻小，反应过程温和，但是吸附的牢固性较差，当外界环境发生突变时，易造成细胞从载体上脱落。固定化细胞的结合量以及生物活性受载体种类的影响较大。

(2) 共价键结合法

共价键结合法主要有共价结合法与交联法。共价结合法是细胞表面上官能团和固相支持物表面的反应基团之间形成共价键连接而实现细胞固定化的方法。采用共价结合法固定的微生物与固相载体的结合力较强，但是因为固定过程中反应激烈，操作较复杂，因而对微生物活性存在较大抑制，普遍应用性较差。交联法与共价结合法类似，利用载体表面两个或者两个以上官能团与细胞之间发生分子间的交联使细胞固定化，但交联法所采用的载体是非水溶性的，交联剂多采用戊二醛、双重氮联苯胺等。交联法固定的细胞与载体联结牢固，稳定性高，但是交联过程生化反应复杂，反应激烈，抑制了微生物的活性，适用范围较狭窄。

（3）包埋法

包埋法是细胞固定化最常用的方法。按照包埋的结构可分为凝胶包埋法和微胶囊法，即将细胞包裹于凝胶的微小格子内为凝胶包埋，而将细胞包埋于半透膜聚合物的超滤膜内为微胶囊法。凝胶包埋常用载体有琼脂、海藻酸钙、角叉菜胶、明胶、聚丙烯酰胺等。包埋法成本低，操作简单，对细胞活性影响较小，制作的固定化细胞球的强度较高，但传质阻力较大。包埋法有较好的综合性能，催化活性保留和存活力都比较高，且包埋在反应工程（包括反应器的设计、操作稳定性等）中应用灵活。因此，包埋法成为整个固定化生物催化剂技术中应用最广泛的固定化方法；但是包埋法的扩散阻力较大，使细胞的催化活性受到限制，较适合于小分子底物与产物的反应。

7.3　生物催化概述

生物催化即利用某种生物材料（主要是酶、微生物或动植物组织）来催化进行某种化学反应。有些教科书泛指"生物转化"（biotransformation 或 bioconversion）。例如微生物转化反应（microbial transformation 或 microbial bioconversion），确切地说是利用微生物代谢过程中某一酶或一组酶对底物进行催化反应。生物催化与常规化学催化反应相比具有以下优点：催化速率高，反应条件温和，基本上在常温、中性、水等环境中完成；独特、高效的底物选择性（因为催化过程中的酶具有专一性的特点，即一种酶只能催化一种特定的底物发生反应，但是一种底物则可能被多种酶催化）；对于手性活性药物成分的合成具有独特的优势。

生物催化不论是以酶还是微生物细胞作为催化剂，其本质都是利用酶催化底物转化为产物，在此过程中起决定作用的是酶的结合基团与催化基团。生物催化几乎能应用于所有化学反应，对于有些很难进行，甚至不能进行的化学反应也能应用，例如氧化反应、羟基化反应、脱氢反应、还原反应、水解反应、胺化反应、酰基化反应、脱羧反应和脱水反应等。生物催化的方式主要有添加前体发酵法、游离酶、休止细胞、固定化酶、固定化细胞等。所使用的溶剂系统主要有水相、有机相和水-有机溶剂双相系统等。

第2篇

实　验　部　分

第8章　生物化学实验

实验 8.1　常用生物化学试剂的配制及高压灭菌

【实验目的】

准确配制药品是一项非常基础的工作，在工厂、医院、矿山、环保机构，几乎自然科学的每一个角落都需要用到，因此，这项工作就显得非常重要。药品和试剂的准确配制是一项十分严谨的工作，是培养合格本科生的一项非常重要的内容。在多数情况下，药品配制完成后尚需经过高压灭菌方能保存和使用。

1. 培养学生按照要求换算，准确完成配制溶液、试剂的能力。

2. 培养学生严谨、科学的学习态度。

3. 掌握电子分析天平和高压灭菌锅的正确使用方法。

【实验材料及仪器】

1. 材料与试剂

EDTA，NaOH，Tris，HCl，冰醋酸，SDS，蛋白酶 K，苯酚，氯仿，NaAc，NaCl，丙烯酰胺，亚甲基双丙烯酰胺，过硫酸铵，甘氨酸，醋酸，甲醇，甘油，溴酚蓝，2-巯基乙醇，考马斯亮蓝 R_{250}，TEMED 等。

2. 器皿与仪器

量筒，容量瓶，分析天平，烧杯，玻璃棒，磁力搅拌器，高压消毒锅，$0.22\mu m$ 的抽滤滤膜，注射器，普通试剂瓶，棕色试剂瓶等。

【实验要求】

要求每两人为一组，随机抽取下列需要配制的试剂中的一组，并完成该试剂的配制。需要进行高压灭菌的试剂在各组完成后集中进行。在学生使用高压灭菌锅之前，教师应对正确使用高压灭菌锅的方法进行认真讲解和示范。

（1）0.5mol/L EDTA（pH8.0，用 NaOH 调节 pH 值）。

（2）0.5mol/L Tris-HCl（pH8.0，用 HCl 调节 pH 值）。

（3）1mol/L Tris-HCl（pH7.5）。

（4）50×TAE：24.2g Tris 碱，5.71mL 冰醋酸，10mL 0.5mol/L EDTA（pH8.0），溶解后定容至 100mL（不能高压灭菌，含有易挥发性成分的试剂，如冰醋酸，一般不采用高温高压的方式灭菌）。

（5）10% SDS：10g SDS 溶解于 60mL 去离子水，加热助溶，定容至 100mL，高压灭菌。

（6）20% SDS：20g SDS 溶解于 60mL 去离子水，加热助溶，定容至 100mL，高压灭菌。

（7）DNA 提取缓冲液：50mmol/L Tris-HCl（pH8.0），100mmol/L EDTA（pH8.0），100mmol/L NaCl，1% SDS，高压灭菌。

（8）蛋白酶 K：洗一干净试剂瓶，装入 200mL 左右去离子水，高压灭菌，当水温降到 40℃ 以下时将蛋白酶 K 配制成 20mg/mL，装蛋白酶 K 溶液的离心管也需预先灭菌并于生化培养箱内烘干，配制完备后于−20℃保存备用。

（9）苯酚：氯仿（1：1）：配制 2×200mL。

（10）1mol/L Tris-HCl（pH6.8）。

（11）1.5mol/L Tris-HCl（pH8.8）。

（12）1mol/L Tris-HCl（pH8.3）。

（13）3mol/L NaAc。

（14）30%丙烯酰胺：29g 丙烯酰胺和 1g N,N'-亚甲基丙烯酰胺溶于 60mL 水中，加热（37℃）助溶，加水定容至 100mL，0.22μm 滤器过滤，4℃棕色瓶避光保存。

（15）10%过硫酸铵：1g 过硫酸铵溶于水，定容至 10mL。

（16）10×蛋白质电泳缓冲液（pH8.3）：Tris 30.2g，甘氨酸 188g，SDS 10g，溶于蒸馏水，并定容至 1L。

（17）脱色液：醋酸 70mL，甲醇 200mL，加水 1730mL，混匀。

（18）2×蛋白电泳上样缓冲液：0.5mol/L Tris-HCl（pH6.8）2.0mL，甘油 2.0mL；20%（m/V）SDS 2.0mL；0.2%溴酚蓝 0.5mL；2-巯基乙醇 1.0mL；去离子水 2.5mL。

（19）染色液：在 90mL 甲醇：水（1：1）和 10mL 冰醋酸的混合液中溶解考马斯亮蓝 R$_{250}$ 0.25g，用 Whatman 1 号滤纸过滤染液，以去除颗粒状物质。

（20）12%分离胶（25mL）：30%丙烯酰胺 10mL，1.5mol/L Tris-HCl（pH8.8）6.3mL，10% SDS 0.25mL，H$_2$O 8.2mL，10%过硫酸铵 0.25mL，TEMED 0.02mL。

（21）5%浓缩胶（10mL）：30%丙烯酰胺 1.7mL，1mol/L Tris-HCl（pH6.8）1.25mL，10% SDS 0.1mL，10%过硫酸铵 0.1mL，H$_2$O 6.8mL，TEMED 0.02mL。

（22）碘-碘化钾溶液：20g 碘和 10g 碘化钾溶解于 100mL 水中，使用前取 1mL 稀释到 20mL。

（23）3,5-二硝基水杨酸溶液：0.63g 3,5-二硝基水杨酸溶于 26.2mL 2mol/L 的 NaOH 溶液中，将此溶液与 50mL 含有 18.2g 酒石酸钾钠的热水混合。向该溶液中加入 0.5g 重蒸酚和 5g 亚硫酸钠，充分搅拌使之溶解，待溶液冷却后，用水稀释到 100mL，转移至棕色瓶中，冰箱保存。

（24）1g/L 的葡萄糖溶液：将 0.1g 葡萄糖溶解于适量水中，定容至 100mL。

【实验要求】

试剂配制完成并经实验课指导老师检查后，清理好实验台，学生方准离开实验室。

【思考题】

1. 配制溶液和试剂时，较常见的错误有哪些？
2. 使用高压灭菌锅时应该注意哪些事项？
3. 配制试剂时，应采取哪些防护措施以确保人员的安全？
4. 哪些溶液或试剂不能采用高压灭菌的方式来灭菌？

实验8.2 还原糖的测定——3,5-二硝基水杨酸（DNS）比色法

【实验目的】

糖是多羟基醛或多羟基酮，是动植物乃至微生物能量的主要来源，在生物生理活动能量来源中占有举足轻重的地位。本实验通过3,5-二硝基水杨酸比色的方法测定面粉中还原糖的含量，以巩固有关糖的理论知识。

1. 掌握通过比色法测定还原糖的方法。
2. 熟悉生物样品在使用前的处理方法。
3. 结合生物化学理论学习，深入理解还原糖的概念及其重要性。

【实验原理】

本实验的原理可概括为还原性的糖与3,5-二硝基水杨酸试剂共热，产生棕红色的氨基化合物。在一定的范围内，生成的棕红色物质的颜色深浅与还原糖的含量成正比。

【实验材料及仪器】

1. 材料

面粉。

2. 器皿与仪器

恒温水浴，量筒，容量瓶，烧杯，试管及试管架，分析天平等。

【实验步骤】

1. 葡萄糖标准曲线的制作

准备9支具塞带刻度试管，注入下表列出的溶液。

管号	1	2	3	4	5	6	7	8	9
葡萄糖溶液/mL	0	0.05	0.1	0.15	0.2	0.25	0.3	0.35	0.4
水/mL	0.5	0.45	0.4	0.35	0.3	0.25	0.2	0.15	0.1
葡萄糖终浓度/(mg/mL)	0	0.1	0.2	0.3	0.4	0.5	0.6	0.7	0.8

并继续下列操作：

① 向以上9支试管中分别加入DNS试剂0.5mL。
② 将以上9支试管放入沸水浴中煮沸5min。
③ 将以上试管放入盛冷水的烧杯中冷却。
④ 向以上试管分别加入4mL去离子水，充分混合。
⑤ 以空白管为对照，于540nm波长下，分别测定各管的吸光值。
⑥ 通过Excel软件制作标准曲线。

2. 还原糖的制备

称取面粉2g，置100mL烧杯中，加入50mL去离子水，搅拌均匀。之后于50℃水浴锅中静置30min；取出烧杯，将内容物转移至100mL容量瓶中，用去离子水定容

至 100mL。

3. 还原糖的测定

① 取 3 支试管，分别编号，依次加入所列出的试剂：

试剂	管号			
	1	2	3	
还原糖提取液/mL	0.0	0.5	0.5	
DNS/mL	0.5	0.5	0.5	
在沸水浴中煮沸 5min,冷却				
蒸馏水/mL	4.5	4	4	
OD$_{540nm}$				

② 用 1 号试管作为空白，测定剩余 2 支试管在 540nm 处的吸光值，并记录于上表。

③ 根据还原糖的 OD 值，使用之前制作的葡萄糖标准曲线，计算出相应的还原糖的含量。其计算公式如下：

还原糖(％)＝依据葡萄糖标准曲线计算出的还原糖的浓度×100/2×100％

【实验要求】

本实验要求每两人为一组，协同配合完成规定的内容。清理好实验台，独立撰写实验报告，并及时提交。

【思考题】

1. 什么是还原糖？列举与我们日常生活关系比较紧密的一些还原糖的例子。
2. 简述比色法测定还原糖含量的基本原理。

实验 8.3　基因组 DNA 的分离提取及电泳检测

【实验目的】

基因组 DNA 的提取往往是从事核酸生物化学研究的第一步，也是十分关键的一步，提取的 DNA 的质量（大小及降解的程度等）是影响随后诸多研究结果的重要因素之一。本实验的目的是教授学生提取基因组 DNA 的方法，并对所提取的基因组 DNA 进行电泳检测，从而为以后从事相关的研究工作打好基础。

1. 掌握不同浓度的琼脂糖凝胶的制作方法。
2. 熟练掌握动物基因组 DNA 的提取方法。
3. 掌握实验室电泳系统的正确使用方法。
4. 熟练掌握分析电泳结果的方法。
5. 掌握紫外分析仪和凝胶成像仪的正确使用方法。

【实验原理】

本实验的技术原理有三点：①利用核酸和蛋白质以及其他杂质在不同相中的分布差异，将核酸和其他杂质分离开；②利用酒精可以使核酸发生沉淀的特性分离核酸；③核酸是带电的分子，在电场中可以迁移，并通过染色的方法进行检测。

【实验材料及仪器】

1. 材料

牛肉，为确保所提取的基因组 DNA 的大小，所使用的肌肉组织应尽可能新鲜。屠宰后放置时间较长的肌肉中的核酸可能发生降解。

2. 设备

恒温水浴锅，移液器，离心机，电泳仪等。

【实验步骤】

1. 将牛肌肉组织 0.2g 于 1.5mL 离心管内用眼科剪刀剪碎（要有耐心）后，加入 600μL 组织抽提缓冲液，加入 20μL 20mg/L 的蛋白酶 K，混匀，置 37℃ 水浴过夜，其间应不时取出离心管上下颠倒若干次，以利于蛋白酶 K 的消化作用。

2. 用等体积的苯酚抽提一遍：加入等体积的苯酚后，上下轻轻颠倒数十次，注意，苯酚对人的皮肤有害，颠倒时应戴一次性手套。后于 12000r/min 离心 10min，用剪过头的 Tip 头和移液器将上清液吸出，移入一空的离心管。

3. 用等体积的苯酚：氯仿（1:1）抽提一遍。

4. 用等体积的氯仿抽提一遍。

5. 加入 2 倍体积的冰乙醇（将乙醇在用前放入 -20℃ 的冰箱，至少应提前 2h 放入）静置数分钟，接下来用两种方法沉淀 DNA。其一，利用手臂的快速摇动，即将离心管快速旋转 10s。这时离心管内会出现白色絮状物，这就是提取的 DNA。其二，将离心管以 12000r/min 的转速离心 10min，这时会发现离心管的管底出现白色沉淀。人们多采用前一种方法沉淀 DNA。将絮状沉淀用经预先灭菌的牙签挑入另一离心管，加入 70% 的乙醇

$500\mu L$，轻轻晃动数次。然后再将白色絮状沉淀挑入另一干燥的离心管，于室温放置过夜，次日上午加入 $50\mu L$ 左右的灭菌双蒸水（根据絮状沉淀的大小），下午或晚上即可通过电泳检测提取的效果。

6. 电泳槽的准备（教师演示）。

7. 琼脂糖电泳凝胶的制备

检测基因组 DNA 所用凝胶的含量多为 1.0％ 左右。即称取 1g 琼脂糖凝胶粉于 200mL 的锥形瓶中，加入 100mL 1×TAE 缓冲液，于微波炉中煮沸。当冷却到 40～50℃ 时按照 $5\mu L/100mL$ 的比例加入预先配制好的溴化乙锭（EB），摇匀，即可倒入事先准备好的托盘，完全冷却后上样电泳。

8. 上样

将预先制备好的琼脂糖凝胶中的梳子拔出，放入盛有电泳缓冲液的电泳槽中，注意放置的方向。用移液器取 $3\sim5\mu L$ 溶解好的 DNA 溶液与预先滴加在 Parafilm 膜上的上样缓冲液混合后，将混合液移入琼脂糖凝胶的点样孔中，静置 30s。

9. 接通电源

选择合适的电压，并接通电源。低电压有利于 DNA 的分离，建议采用 100V 的电压完成基因组 DNA 的电泳。

10. 效果观察

将于 100V 电压下电泳 40～50min 后的凝胶取出，于紫外光下检查 DNA 提取的效果并拍照。

【实验要求】

要求每位同学独自完成实验规定的每一步骤，清理好实验台，及时提交实验报告，并写出自己在实验过程中的体会。

【思考题】

1. 采取哪些措施可以减少提取过程对基因组 DNA 造成的机械损伤？
2. 根据你的理解，哪些因素可能会影响到 DNA 电泳的效果？
3. 电泳时，电压对电泳效果有什么影响？如何正确设定电泳时的电压？
4. 为什么能够通过电泳达到分离不同大小核酸片段的效果？
5. 电泳时上样缓冲液的作用是什么？
6. 上样缓冲液中溴酚蓝的作用是什么？

实验 8.4　DNA 浓度及纯度的测定

【实验目的】

基因工程中很多的研究和实验，对于所使用的 DNA 的浓度和纯度都是有要求的。如果所提取的 DNA 的浓度和纯度达不到要求，会不同程度地影响下游过程的顺利实现，好的 DNA 可确保后续过程少走弯路。本实验的目的是使学生掌握采用分光光度计检测 DNA 浓度和纯度的方法。

1. 掌握正确使用分光光度计的方法。

2. 掌握实验室最常使用的测定 DNA 浓度及纯度的方法。

3. 掌握判断所提取的基因组 DNA 质量的基本方法。

【实验原理】

本实验检测 DNA 浓度及纯度的基本原理在于核酸和蛋白质吸收峰的差异，具体地说，核酸的吸收峰位于 260nm 处，而蛋白质的吸收峰位于 280nm 处。对于双螺旋结构的 DNA 而言，260nm 处的一个 OD 值代表 $50\mu g$ 的 DNA。对于纯度，需通过计算 OD_{260nm} 与 OD_{280nm} 的比值方可判断。一般地讲，如果 OD_{260nm}/OD_{280nm} 的值接近 1.7，则说明所提取的 DNA 受蛋白质污染的程度较轻，纯度较高。相反，如果 OD_{260nm}/OD_{280nm} 的值小于 1.7，则说明所提取的 DNA 含蛋白质的量较高，不适合用作下游研究的材料。

【实验材料及仪器】

本实验使用的材料是实验 8.3 中提取的牛肉基因组 DNA 样品。所使用的设备主要是分光光度计。

【实验步骤】

1. 将实验 8.3 中所提取的牛肉基因组 DNA 做 25 倍或 50 倍稀释至 2mL，以溶解 DNA 的离子交换水作为空白，于 260nm 和 280nm 处分别测定样品的吸光值。

2. 计算出 DNA 样品于 260nm 和 280nm 处吸光值的比值，并计算出样品 DNA 的浓度。

【实验要求】

要求学生独立完成实验规定的内容，记录必要的数据，分析实验结果，清理实验台，及时撰写并提交实验报告。

【思考题】

1. 在测定 DNA 的浓度时，DNA 溶液中痕量的 RNA 是否干扰测定结果？

2. 测定所提取 DNA 样品的纯度的意义有哪些？

实验 8.5　蛋白质的 SDS-PAGE 检测

【实验目的】

聚丙酰胺凝胶电泳（SDS-PAGE）是一项十分重要的生化试验手段，是进行蛋白质组成成分分析，分离有效成分经常采用的方法之一，在生物化学实验中非常重要。本实验旨在使学生掌握 SDS-PAGE 的技术流程，并为以后相关的学习和研究打下扎实的基础。

1. 掌握聚丙烯酰胺凝胶的制作方法。

2. 掌握蛋白质样品上样前的处理方法。

3. 掌握蛋白质样品电泳后的染色及脱色方法。

4. 掌握正确分析蛋白质电泳结果的方法。

【实验原理】

本实验的原理基本有二：1. 蛋白质是带电分子，在电场中可以产生迁移；2. 聚丙烯凝胶是一种分子筛，分子量小的分子在其中迁移的速度大于分子量大的分子，并以此实现不同大小的蛋白质分子的有效分离。

【实验材料及仪器】

1. 材料

菌液，使用 12％的分离胶和 5％的浓缩胶。

2. 器皿与仪器

蛋白质电泳仪，摇床，培养皿，移液器，微波炉，烧杯等。

【实验步骤】

1. 电泳槽的正确安装（密封）：演示。

2. 灌胶：下面是分离胶，上面是浓缩胶，浓缩胶的高度大约为 1～1.5cm，并插上梳子。

3. 样品处理：样品在电泳之前，需按 1∶1 的比例加入上样缓冲液，如果样品浓度很高，同时需要加入一定量的水进行稀释。然后于沸水中煮沸 5min 方可上样电泳。

4. 电泳：在接通电源后，用高压（100V）让样品尽快进入积层胶，然后改用低压（60～80V）。但根据经验，那样跑出的结果并不是很理想，条带分离得不是很清楚，因此建议自始至终采用 60～80V 的电压跑胶，结果较理想。

5. 染色：电泳完毕后，将胶小心翼翼地从凝胶板上卸下来，要防止胶被撕破。卸下来的胶浸泡在预先配制好的染色液中，染色 15min。

6. 脱色：加入大约 200mL 的脱色液于大的平皿中，在摇床上轻微摇动，过半小时换一次脱色液，重复 4～5 次即可。

7. 观察及拍照。

【实验要求】

本实验要求每 4～5 名学生为一组，协作完成聚丙烯酰胺凝胶的制备，蛋白质样品的准备、上样、电泳、凝胶的染色和脱色的全部过程。撰写实验报告时需结合实际情况，写出实验的心得体会，清理好实验台，及时提交实验报告。

【思考题】

1. 在 SDS-PAGE 中 SDS 的作用是什么？
2. 影响聚丙烯酰胺聚合速度的因素有哪些？
3. 如何能够加速聚丙烯酰胺聚合的速度？
4. 有时会出现经染色的凝胶脱色不彻底的情况，分析出现这种现象可能的原因？

实验 8.6 牛乳球蛋白基因的 PCR 扩增及电泳检测

【实验目的】

PCR 技术是一项成熟和用途十分广泛的生物技术，该技术对于拓展生物工程专业学生的学习和研究领域起着十分重要的作用，是生物工程专业本科毕业生必须掌握的实验操作技术之一。本实验的目的是使学生充分了解 PCR 的操作程序，掌握 PCR 的操作技术。

1. 掌握 PCR 仪的正确使用方法。

2. 掌握实验室获取某个特定基因最常采用的方法。

3. 掌握分析 PCR 扩增结果的正确方法。

【实验原理】

本实验的基本原理是在存在一小段 DNA（引物）的前提下，在适合的条件下，DNA聚合酶能够按照从 5′到 3′的方向延伸已有的一小段 DNA。

【实验材料及仪器】

1. 材料

DNA 模板为实验 8.3 中所提取的牛基因组 DNA。所用的引物的寡核苷酸序列如下：上游引物，5′-GCG AAT TCA TCC CAC GTG CCT GC-3′，下游引物，5′-GAG AAT TCC TGG GGA GGG ACC TT-3′（扩增产物约 1500bp）。

2. 试剂

Taq DNA 聚合酶，dNTP，DNA 分子量标尺等。值得说明的是，合成的引物需根据厂家所提供的引物的 OD 值进行换算，最终引物的终浓度为 25pmol/L，在加入水溶解引物之前，应将储存引物的离心管以 10000r/min 离心 1min，以免引物粘在离心管壁上无法溶解。加入水后，一般应将离心管放入 37℃ 培养箱过夜溶解。

本实验需要用到的设备主要有基因扩增仪、微量移液器、电泳槽、电泳仪等。

【实验步骤】

1. 混合液的准备

在一经高压灭菌的 200μL 的离心管中依次加入：

灭菌双蒸水	13.5μL	10×Buffer	2.5μL
上下游引物	各 1μL	*Taq* DNA 聚合酶	1μL
模板 DNA	5μL	合计	25μL
dNTP	1μL		

2. PCR 扩增程序的设置

本实验遵循以下扩增程序：94℃ 预变性 5min，94℃ 变性 45s，68℃ 退火 1min，72℃延伸 1min，循环 30 次，72℃ 延伸 10min，4℃ 保存。

3. 电泳

PCR 扩增结束后，取 5μL 扩增产物于 1% 的琼脂糖凝胶上电泳 40～50min，紫外灯下观察电泳结果，判断扩增的效果。

4. 拍照。

【实验要求】

本实验要求每个学生独自完成全部过程，实验成功者，需总结成功的经验，实验失败者需分析实验失败可能的原因。清理好实验台，撰写实验报告并及时提交。

【思考题】

1. 什么是引物？引物在 PCR 扩增中的作用是什么？
2. 在溶解引物时，如何确保引物溶解后的浓度是 25pmol/L 或 50pmol/L？
3. 影响 PCR 扩增特异性的因素有哪些？如何提高扩增的特异性？
4. 在采用 PCR 扩增基因时，能否完全杜绝非特异性扩增？
5. PCR 扩增产物电泳时 DNA Marker 的作用是什么？

实验 8.7 HPLC 法测定胰岛素的氨基酸组成

【实验目的】

学习酸水解蛋白质以及氨基酸定性定量测定最常使用的方法，学习高效液相色谱仪的测定原理及操作方法。

1. 掌握酸水解多肽的条件和方法。
2. 掌握用于 HPLC 分析的多肽水解样品制备的方法。
3. 掌握高效液相色谱仪的工作原理及正确的使用方法。
4. 掌握氨基酸定性定量测定的方法。

【实验原理】

以 6mol/L HCl 长时间（24～48h）处理蛋白质或多肽，能够断裂氨基酸残基之间的肽键，因操作比较简单而被广泛采用。但酸水解会将肽链中的谷氨酰胺（Gln，Q）和天冬酰胺（Asn，N）转变为相应的谷氨酸（Glu，E）和天冬氨酸（Asp，D），同时会完全破坏色氨酸（Trp，W），从而导致无法对上述三种氨基酸含量进行测定。

【实验材料及仪器】

1. 材料

胰岛素纯品（纯度＞98％），6mol/L 的 HCl-1‰苯酚溶液，0.01mol/L HCl。

2. 仪器

烘箱，容量瓶（5mL），岛津 SPD-M20A VP 型高效液相色谱仪，移液器，电子分析天平，恒温水浴锅，色谱柱（Hypersil GOLD C$_{18}$，以十八烷基硅烷键合硅胶为填充剂，150mm×4.6mm，3μm），微量注射器（20μL，50μL）。

3. 试剂

（1）胰岛素水解液：准确称取胰岛素 10.0mg 于水解管中，加入 500μL 6mol/L HCl-1‰苯酚溶液，充 N$_2$，封管，置于烘箱中于 105℃水解 24h。水解完毕，开管，在真空干燥器中抽去盐酸，加入 200μL 蒸馏水，再抽干，重复以上过程两次，以彻底去除水解样品中痕量的盐酸；用 0.01mol/L HCl 定容至 5mL，用于后续研究。

（2）邻苯二甲醛（*ortho*-phthaldialdehyde，OPA）溶液：取 OPA 80mg，加入 0.4mol/L 硼酸盐缓冲液（pH10.4）7mL、加入乙腈 1mL、3-巯基丙酸 125μL，混匀。

（3）芴甲氧羰酰氯（fluorenylmethyl chloroformate，FMOC-Cl）溶液：称取 FMOC-Cl 40mg，加入乙腈 8mL 溶解。

（4）流动相 A：称取醋酸钠 7.5g，加入 4L 去离子水溶解，加入三乙胺 800μL、四氢呋喃 24mL，混匀，以 2％的醋酸调 pH 值至 7.2。

（5）流动相 B：称取醋酸钠 10.88g，加入 800mL 去离子水溶解，以 2％的醋酸调 pH 值至 7.2，加入乙腈 1400mL、甲醇 1800mL，混匀。

【实验步骤】

（1）衍生化反应：准确量取混合氨基酸标准液 50μL，置于 1.5mL 离心管中，精确加入 0.4mol/L 硼酸盐缓冲液（pH10.4）250μL，混匀；准确加入 OPA 溶液 50μL，混匀，静置 30s。准确加入 FMOC-Cl 溶液 50μL，混匀。

（2）准确量取胰岛素水解溶液 50μL，置于 1.5mL 离心管中，采用与（1）完全相同的处理以完成衍生化反应。

（3）完成开机、配制流动相、脱气、洗针、进样、清洗阈件、使用工作站一系列的操作。

（4）色谱条件：柱温为 40℃，一级氨基酸检测波长为 338nm，二级氨基酸检测波长为 262nm。各氨基酸峰间的分离度均大于 1.0。

（5）混合氨基酸标准溶液的测定：准确量取混合氨基酸标准溶液 20μL，注入高效液相色谱仪，记录色谱图。

（6）胰岛素水解氨基酸测定：方法同（5），记录色谱图。

（7）根据标准色谱图的峰面积计算 17 种氨基酸荧光衍生物的摩尔吸光系数。

（8）根据待测胰岛素水解液的氨基酸峰面积和混合标准氨基酸的摩尔吸光系数，计算胰岛素中氨基酸的含量。

【思考题】

1. 酸水解多肽的优点和不足有哪些？
2. 确定多肽氨基酸组成的方法有哪些？
3. 为什么本实验中采用的是 17 种氨基酸而非 20 种？

第9章　微生物学实验

实验 9.1　显微镜的使用及微生物形态的观察

【实验目的】

1. 学习并掌握油镜的原理和使用方法。
2. 认识各种微生物的形态特征差异，学会生物图的绘制。

【实验原理】

微生物的最显著特点是个体微小，必须借助显微镜才能观察到它们的个体形态和细胞结构。油镜的放大倍数为100×，使用油镜，需要在载玻片与镜片之间加滴镜油（即香柏油），这样可以增加照明亮度和显微镜的分辨率。

【实验材料及仪器】

1. 材料

菌种：枯草芽孢杆菌12～18h 牛肉膏蛋白胨培养基斜面培养物；大肠杆菌24h 牛肉膏蛋白胨培养基斜面培养物；糖多孢红霉菌3～5d 的高氏 I 号斜面培养物；酿酒酵母培养约2d 的麦芽汁斜面培养物；黑曲霉48h 的马铃薯琼脂平板培养物。

2. 试剂

香柏油，二甲苯等。

3. 器皿与仪器

普通光学显微镜，擦镜纸，载玻片，盖玻片，镊子，滴管等。

【实验步骤】

1. 观察前的准备

(1) 显微镜的安置

置显微镜于平整的实验台上，镜座距实验台边缘3～4cm。镜检时姿势要端正。

取、放显微镜时应一手握住镜臂，一手托住底座，使显微镜保持直立、平稳。切忌用单手拎提，且不论使用单筒显微镜或双筒显微镜均应双眼同时睁开观察，以减少眼睛疲劳，也便于边观察边绘图或记录。

(2) 光源调节

安装在镜座内的光源灯可通过调节电压以获得适当的照明亮度，而使用反光镜采集自然光或灯光作为照明光源时，应根据光源的强度及所用物镜的放大倍数选用凹面或凸面反光镜并调节其角度，使视野内的光线均匀、亮度适宜。

(3) 根据使用者的个人情况，调节双筒显微镜的目镜

双筒显微镜的目镜间距可以适当调节，而左目镜上一般还配有屈光度调节环，可以适应眼距不同或两眼视力有差异的不同观察者。

（4）聚光器数值孔径值的调节

调节聚光器虹彩光圈值与物镜的数值孔径值相符或略低。有些显微镜的聚光器只标有最大数值孔径值，而没有具体的光圈数刻度。使用这种显微镜时可在样品聚焦后取下一目镜，从镜筒中一边看着视野，一边缩放光圈，调整光圈的边缘与物镜边缘黑圈相切或略小于其边缘。因为各物镜的数值孔径值不同，所以每转换一次物镜都应进行这样的调节。

在聚光器的数值孔径值确定后，若需改变光照强度，可通过升降聚光器或改变光源的亮度来实现，原则上不应再通过虹彩光圈的调节。当然，有关虹彩光圈、聚光器高度及照明光源强度的使用原则也不是固定不变的，只要能获得良好的观察结果，有时也可根据不同的具体情况灵活运用，不一定拘泥不变。

2. 显微观察

在目镜保持不变的情况下，使用不同放大倍数的物镜所能达到的分辨率及放大率都是不同的。一般情况下，特别是初学者，进行显微观察时应遵守从低倍镜到高倍镜再到油镜的观察程序，因为低倍数物镜视野相对大一些，易发现目标及确定检查的位置。

（1）低倍镜观察

将枯草芽孢杆菌（或大肠杆菌、糖多孢红霉菌、酿酒酵母、黑曲霉）的斜面培养物上挑取少许菌苔于载玻片上的水滴中，混匀并涂成薄膜，盖上盖玻片。再将此玻片置于载物台上，用标本夹夹住，移动推进器使观察对象处在物镜的正下方。下降 $10\times$ 物镜，使其接近标本，用粗调节器慢慢升起镜筒，使标本在视野中初步聚焦，再使用细调节器调节图像清晰。通过玻片夹推进器慢慢移动玻片，认真观察玻片的各部位，找到合适的目的物，仔细观察并记录所观察到的结果。

在任何时候使用粗调节器聚焦物像时，必须养成先从侧面注视小心调节物镜靠近标本，然后用目镜观察，慢慢调节物镜离开标本进行准焦的习惯，以免因一时的误操作而损坏镜头及玻片。

（2）高倍镜观察

在低倍镜下找到合适的观察目标并将其移至视野中心后，轻轻转动物镜转换器将高倍镜移至工作位置。对聚光器光圈及视野亮度进行适当调节后微调细调节器使物像清晰，利用推进器移动载玻片仔细观察并记录所观察到的结果。

在一般情况下，当物像在一种物像中已清晰聚焦后，转动物镜转换器将其他物镜转到工作位置进行观察时，物像将保持基本准焦的状态，这种现象称为物镜的同焦。利用这种同焦现象，可以保证在使用高倍镜或油镜等放大倍数高、工作距离短的物镜时仅用细调节器即可对物像清晰聚焦，从而避免由于使用粗调节器时可能的误操作而损坏镜头或玻片。

（3）油镜观察

在高倍镜或低倍镜下找到要观察的样品区域后，用粗调节器将镜筒升高，然后将油镜转到工作位置。在待观察的样品区域加滴香柏油，从侧面注视，用粗调节器将镜筒小心地降下，使油镜浸在香柏油中并几乎与标本相接。将聚光器升至最高位置并开足光圈，若所用聚光器的数值孔径值超过 1.0，还应在聚光镜与载玻片之间也加滴香柏油，保证其达到最大的效能。调节照明使视野的亮度合适，用粗调节器将镜筒徐徐上升，直至视野中出现物像并用细调节器使其清晰准焦为止。

有时按照上述操作还找不到目的物，则可能是由于油镜头下降还未到位，或因油镜上升太快，以至眼睛捕捉不到一闪而过的物像。遇此情况，应重新操作。另外，应特别注意不要因在下降镜头时用力过猛，或调焦时误将粗调节器向反方向转动而损坏镜头及载玻片。

3. 显微镜用毕后的处理

（1）上升镜筒，取下载玻片。

（2）用擦镜纸拭去镜头上的香柏油，然后用擦镜纸蘸少许二甲苯擦去镜头上残留的油迹，最后再用干净的擦镜纸擦去残留的二甲苯。

切忌用手或其他纸擦拭镜头，以免使镜头沾上污渍或产生划痕，影响观察。

（3）用擦镜纸清洁其他物镜及目镜，用绸布清洁显微镜的金属部件。

（4）将各部分还原，反光镜垂直于镜座，将物镜转成"八"字形，再向下旋。同时把聚光镜降下，以免将物镜与聚光镜发生碰撞危险。

【数据处理与实验结果】

分别绘出在低倍镜、高倍镜和油镜下观察到的枯草芽孢杆菌、大肠杆菌、糖多孢红霉菌、酿酒酵母及黑曲霉的形态，包括在三种情况下视野的变化，同时注明物镜放大倍数和总放大率。讨论书中的思考题，写出心得体会。

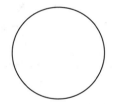

（物镜放大倍数和总放大倍数）

【思考题】

1. 什么是物镜的同焦现象？它在显微镜观察中有什么意义？使用油镜为什么要先用低倍镜检查？

2. 在使用油镜观察时，在载玻片和镜头之间加滴什么油？起什么作用？

实验 9.2　细菌的革兰氏染色法

【实验目的】

1. 学习微生物涂片、染色的基本技术，掌握微生物染色原理。
2. 掌握细菌的革兰氏染色法。
3. 初步认识细菌的形态特征。
4. 巩固显微镜的使用方法。

【实验原理】

微生物（尤其是细菌）的机体是无色透明的，在显微镜下，由于光源是自然光，使得微生物体与其背景反差小，不易看清微生物的形态与结构，若增加其反差，微生物形态就可看得清楚。通常用染料将菌体染上颜色以增加反差，便于观察。革兰氏染色法可以将细菌区分为革兰氏阳性菌和革兰氏阴性菌，这是由它们的细胞壁结构和组成的不同决定的。

【实验材料及仪器】

1. 材料

菌种：枯草芽孢杆菌 12～18h 牛肉膏蛋白胨培养基斜面培养物；大肠杆菌约 24h 牛肉膏蛋白胨培养基斜面培养物。

2. 试剂

染色剂：草酸铵结晶紫染液、卢戈氏碘液、95％乙醇、番红复染液、香柏油、二甲苯、生理盐水。

① 草酸铵结晶紫染色液的配方

溶液 A：结晶紫 2g，体积分数 95％的乙醇 20mL。

溶液 B：草酸铵 0.8g，去离子水 80mL。

溶液 A 和溶液 B 混合后，静置 48h 后使用。

② 卢戈氏碘液的配方

碘 1g，碘化钾 2g，去离子水 300mL。

先将碘化钾溶于少量去离子水，再将碘溶解在碘化钾溶液中，然后加入其余的水即成。

③ 番红复染液的配方

番红（番红花红 O）2.5g、体积分数 95％乙醇 100mL，取 20mL 番红乙醇溶液与 80mL 去离子水混匀成番红稀释液。

3. 器皿与仪器

显微镜，酒精灯，载玻片，接种环，擦镜纸等。

【实验步骤】

1. 制片

取菌种培养物常规涂片、干燥、固定。

① 涂片　取干净的载玻片于实验台上，在正面边角做记号并滴一滴无菌去离子水于

载玻片的中央，将接种环在火焰上烧红，待冷却后从斜面挑取少量菌种（枯草芽孢杆菌或大肠杆菌）与玻片上的水滴混匀后，在载玻片上涂片成一均匀的薄层，涂布面不宜过大。

注：载玻片要洁净无油迹；滴生理盐水和取菌不宜过多；涂片要涂抹均匀，不宜过厚。

② 干燥　最好在空气中自然晾干，为了加速干燥，可在微小火焰上方烘干。但不宜在高温下长时间烤干，否则急速失水会使菌体变形。

③ 固定　将已干燥的涂片正面朝上，在微小的火焰上通过2～3次，由于加热使蛋白质凝固而固着在载玻片上。

注：热固定温度不宜过高（以玻片背面不烫手为宜），否则会改变甚至破坏细胞形态。要用活跃生长期的幼培养物作革兰氏染色；涂片不宜过厚，以免脱色不完全造成假阳性；火焰固定不宜过热（以玻片不烫为宜）。

2. 初染

滴加结晶紫（以刚好将菌膜覆盖为宜）染色1～2min，水洗。

3. 媒染

用碘液冲去残水，并用碘液覆盖约1min，水洗。

4. 脱色

用滤纸吸取玻片上的残水，将玻片倾斜，在白色背景下，用滴管流加95％的乙醇脱色，直至流出的乙醇无紫色时，立即水洗（注：为了节约乙醇，可将乙醇滴在涂片上静置30～45s，水洗）。

注：革兰氏染色结果是否正确，乙醇脱色是革兰氏染色操作的关键环节。脱色不足，阴性菌被误染成阳性菌；脱色过度，阳性菌会被误染成阴性菌，脱色时间一般为20～30s。

5. 复染

用番红复染液覆盖约2min，水洗（倾去染液，斜置在玻片，在自来水龙头下用小股水流冲洗，直至水呈无色为止）。

注：水洗时，不要直接冲洗涂面，而应使水从玻片的一端流下。水流不宜过急、过大，以免涂片薄膜脱落。

6. 干燥

自然干燥，或用电吹风吹干，也可用吸水纸吸干（将载玻片倾斜，用吸水纸吸去涂片边缘的水珠，注意勿将细菌擦掉）。

7. 镜检

用显微镜观察，并用铅笔绘出细菌形态图。

【数据处理与实验结果】

1. 实验结果及分析

（1）绘制出视野内染色后细菌的形态图。

（物镜放大倍数和总放大率）

（2）列表阐述两种细菌的染色观察结果（说明各菌的形状、颜色和革兰氏染色反应），见表9.1。

表 9.1　革兰氏染色的结果

菌种	物镜倍数	个体形态	菌体颜色	革兰氏染色结果（G$^+$，G$^-$）
大肠杆菌				
枯草芽孢杆菌				

（3）你的染色结果是否正确？如果不正确，请说明原因。

2．讨论实验指导书中提出的思考题，写出心得与体会。

【思考题】

1．你认为哪些环节会影响革兰氏染色结果的正确性？其中最关键的环节是什么？

2．微生物经固定后是死的还是活的？如果你的涂片未经热固定，将会出现什么问题？如果加热温度过高，时间过长，又会怎么样呢？

3．你认为革兰氏染色中，哪一个步骤可以省去而不影响最终结果？在什么情况下可以采用？革兰氏染色中，初染前能加碘液吗？

4．进行革兰氏染色时，为什么特别强调菌龄不能太老，用老龄细菌染色会出现什么问题？

5．现有一株细菌宽度明显大于大肠杆菌的粗壮杆菌，请你鉴定其革兰氏染色反应。你怎么运用大肠杆菌和枯草芽孢杆菌为对照菌株进行涂片染色，以证明你的染色结果正确性呢？

实验 9.3 细菌的荚膜染色法

【实验目的】
1. 学习细菌的荚膜染色方法。
2. 观察荚膜的形态特征。
3. 巩固显微镜（油镜）的操作技术。

【实验原理】
对荚膜、鞭毛和芽孢等特殊结构的观察，是鉴别不同类群微生物的重要手段之一。但是，这些特殊结构不能采用一般染色法染色，必须采取针对这些特殊结构的染色方法进行染色。

荚膜是包裹在某些细菌细胞外的一层黏液状或胶状物质，含水量很高，主要成分为多糖、多肽或糖蛋白等。由于荚膜与染料之间的亲和力弱，不易着色，而且着色后容易被水洗去，通常采用负染色法或衬托染色法进行染色。负染色法是将菌体和背景着色，而荚膜不着色，在深色的背景下荚膜呈现一层透明圈。

【实验材料及仪器】
1. 材料

菌种：肠膜状明串珠菌培养 36～48h 牛肉膏蛋白胨培养基斜面培养物。

2. 试剂

香柏油，二甲苯，绘图墨水（滤纸过滤后使用），1％甲基紫水溶液，甲醇。

3. 器皿与仪器

显微镜，载玻片，接种环，擦镜纸，滴管，滤纸等。

【实验步骤】
1. 湿墨水法

（1）载玻片准备

取一个洁净的载玻片，用乙醇清洗去除油迹，再烧去玻片上残余的乙醇。

（2）制备菌液

在载玻片的中央滴加一滴绘图墨水，挑取少量的菌体与其充分混匀。

（3）加盖玻片

取一个洁净盖玻片盖在菌液上，用滤纸吸收盖玻片周边多余的菌液。

（4）镜检

用低倍镜和高倍镜镜检观察。背景灰色，菌体较暗，在菌体周围呈现的明亮的透明圈即为荚膜。

2. 干墨水法

（1）载玻片的准备

在洁净的无油迹的载玻片的一端，滴一滴 6％的葡萄糖水溶液。挑取少量菌体置于液滴中混匀，再滴加一滴绘图墨水，与菌液充分混匀。

（2）制片

另取一块边缘平整的载玻片，作推片用。左手拿着载玻片，右手拿推片的边缘，与菌液接触，轻轻地向左右移动，使得菌液沿着推片散开，然后以约30°迅速向载玻片另一端移动，使菌液铺成一层薄膜。

（3）干燥

在空气中自然干燥。

（4）固定

滴加甲醇浸没载玻片，固定1min，倾去甲醇。

（5）干燥

在空气中自然干燥。

（6）染色

加入1‰甲基紫水溶液染色1~2min。

（7）水洗

细水流缓慢冲洗，自然干燥。

（8）镜检

用低倍镜或高倍镜观察。背景灰色，菌体紫色，菌体周围的清晰透明圈为荚膜。

【数据处理与实验结果】

1. 实验结果及分析

（1）绘制出视野中湿墨水法和干墨水法染色后菌体和荚膜的形态和颜色图。

（2）列表阐述荚膜染色结果，见表9.2。

表9.2　荚膜染色结果

染色法	菌体的形态和颜色	荚膜的形态和颜色
湿墨水法		
干墨水法		

（3）你的染色结果是否正确？如果不正确，请说明原因。

2. 讨论实验指导书中提出的思考题，写出心得与体会。

【思考题】

1. 荚膜染色为何不能用热固定？

2. 在负染色法中，为什么是包裹在荚膜内的菌体着色而不是荚膜着色？

实验 9.4　细菌的芽孢染色法

【实验目的】

1. 学习细菌的芽孢染色方法。
2. 观察芽孢的形态特征。
3. 巩固显微镜（油镜）的操作技术。

【实验原理】

芽孢，即内生孢子（endospore），是芽孢杆菌属（*Bacillus*）、梭菌属（*Clostridium*）等细菌生长到一定阶段形成的一种具有抗逆性的休眠体结构。芽孢作为一种特殊结构，对其观察前需要进行有针对性的染色。

芽孢壁厚而致密，通透性低，不易着色，但是，芽孢一旦着色后，就很难被脱色。在加热条件下，用着色强的弱碱性染色剂（如孔雀绿）进行染色，染色剂不仅可以进入芽孢，而且也可以进入菌体。但是，进入菌体的染色剂可以被水洗脱色，但芽孢一旦着色，则难以被水洗脱色。若再用复染剂（如番红）进行复染，菌体和芽孢囊染成了复染剂的颜色，而芽孢则染成了初染剂的颜色，由此更明显地衬托出芽孢，便于观察。

【实验材料及仪器】

1. 材料

菌种：枯草芽孢杆菌培养 36～48h 牛肉膏蛋白胨培养基斜面培养物。

2. 试剂

香柏油，二甲苯，5％孔雀绿水溶液，0.5％番红水溶液。

3. 器皿与仪器

显微镜，载玻片，接种环，擦镜纸，滴管，滤纸等。

【实验步骤】

（1）制备菌悬液

加 1～2 滴自来水于试管中，用接种环从斜面上挑取 2～3 环的菌苔于试管中，与水充分混合，搅匀制成浓稠的菌悬液。

（2）加热染色

于试管中加入 2～3 滴 5％孔雀绿染色液，用接种环搅拌，与菌悬液充分混合。将此试管置于烧杯中，进行沸水浴，加热染色 15～20min。

（3）涂片固定

用接种环取菌悬液数环置于洁净的载玻片上，涂成薄膜。涂片通过灯焰 3 次加热固定，再用水洗至流出的水无绿色为止。

（4）复染

用 0.5％番红水溶液复染 2～3min，倾去染液，用滤纸吸干。

（5）镜检

干燥后，用油镜观察，芽孢呈现绿色，而芽孢囊及菌体呈现红色。

【数据处理与实验结果】

1. 实验结果及分析

（1）列表记录芽孢染色结果（见表 9.3），简述芽孢和菌体的颜色，以及芽孢的形态、大小和着色位置，绘出所看菌体和芽孢的形态图。

表 9.3　芽孢染色结果

菌种	菌体形态和颜色	芽孢的形态、大小、颜色和着色位置
枯草芽孢杆菌		

（2）你的染色结果是否正确？如果不正确，请说明原因。

2. 讨论实验指导书中提出的思考题，写出心得与体会。

【思考题】

1. 为什么细菌的芽孢染色需要进行加热？

2. 在芽孢染色涂片的视野中为什么有时看到大量游离的芽孢，很少看到营养细菌和芽孢囊？

3. 能否采用简单染色法观察到芽孢？

4. 你认为用孔雀绿初染芽孢后必须等载玻片冷却后再用水冲洗的原因有哪些？

实验 9.5 微生物细胞大小的测定——测微尺的使用

【实验目的】

1. 了解显微镜测微尺的构造和使用原理。
2. 掌握显微镜测微尺测定微生物细胞大小的方法。

【实验原理】

测量微生物细胞大小的工具有目镜测微尺和镜台测微尺。目镜测微尺是一个可以放入目镜内的特制的圆形小玻片，其中央刻有 50 等分或 100 等分的小格。测量时，目镜测微尺中每小格所代表的实际长度不固定，随着目镜、物镜放大倍数的大小而变动。因此，在测量菌体或孢子大小之前，必须先用镜台测微尺进行标定，得出在显微镜的特定放大倍数下目镜测微尺每小格所代表的实际长度，然后再用标定好的目镜测微尺测量菌体或孢子的大小。镜台测微尺是一个特制的载玻片，其上贴有一个圆形盖玻片，中央带有一个全长为 1mm 的刻度标尺，等分成 100 小格，每格长度为 0.01mm（即 $10\mu m$）。镜台测微尺的作用不是直接测量细胞大小，而是用于标定目镜测微尺每小格的相对长度。

【实验材料及仪器】

1. 材料

菌种：枯草芽孢杆菌，金黄色葡萄球菌，酿酒酵母。

2. 试剂

香柏油，二甲苯。

3. 器皿与仪器

显微镜，镜台测微尺，目镜测微尺，载玻片，擦镜纸等。

【实验步骤】

（1）放置目镜测微尺

取出目镜，把目镜上的透镜旋下来，将目镜测微尺刻度朝下放在目镜的光阑上，然后旋上目镜透镜，再将目镜插入镜筒。

（2）放置镜台测微尺

将镜台测微尺刻度面朝上放在显微镜载物台上，用低倍镜观察，将镜台测微尺有刻度的部分移至视野中央，通过调焦直至清晰地看到镜台测微尺的刻度。

（3）校正目镜测微尺

先用低倍镜观察：转动目镜，使目镜测微尺的刻度与镜台测微尺的刻度平行。利用推进器移动镜台测微尺，使得两尺间某一段的起、止线完全重合，然后分别数出镜台测微尺和目镜测微尺上两条重合线之间的格数，即可计算出目镜测微尺每小格的实际长度。同样方法完成在高倍镜和油镜下测微尺的校正，得出两种镜下，两重合线之间两尺分别所占的格数。

（4）计算目镜测微尺每格的长度

由于已知镜台测微尺每格长 $10\mu m$，根据式（9.1）可以分别计算出在不同放大倍数下，目镜测微尺每格的长度。

$$目镜测微尺的每格长度(\mu m)=\frac{两重合线间镜台测微尺格数\times10}{两重合线间目镜测微尺格数}\qquad(9.1)$$

（5）测量

第一步，目镜测微尺校正完毕后取下镜台测微尺。

第二步，取下镜台测微尺，放上枯草芽孢杆菌（或金黄色葡萄球菌，或酿酒酵母）染色涂片。

第三步，通过调焦，待物像清晰后，转动目镜测微尺或移动菌体的涂片，测定细胞的长、宽（杆菌）或直径（球菌）各占几格。

一般测量每一种细菌细胞的大小时，需要随机选择视野中 10 个以上细胞测量其长、宽或直径，并计算出其平均值。

第四步，所测得的格数乘以目镜测微尺每格所代表的长度，即为实际大小。

（6）用毕后处理

测量完毕，取出目镜测微尺，将目镜放回镜筒。用擦镜纸分别将目镜测微尺和镜台测微尺擦拭干净后，放回盒内保存。使用了油镜的，还需对油镜进行专门的清洁处理（见实验 9.1）。

【数据处理与实验结果】

1. 实验结果及分析

（1）列表阐述目镜测微尺的标定结果，见表 9.4。

表 9.4　目镜测微尺的标定结果

物镜	物镜倍数	目镜测微尺格数	镜台测微尺格数	目镜测微尺每格长度/μm
高倍镜				
油镜				

（2）列表阐述 3 种微生物细胞大小的测定结果，见表 9.5。

表 9.5　细胞大小的测定结果

菌株		细胞大小/μm										
		1	2	3	4	5	6	7	8	9	10	平均值
金黄色葡萄球菌	直径/μm											
枯草芽孢杆菌	长/μm											
	宽/μm											
酿酒酵母	长/μm											
	宽/μm											

2. 讨论实验指导书中提出的思考题，写出心得与体会。

【思考题】

1. 显微测微尺各部件的功能是什么？

2. 在目镜放大倍数固定的情况下，物镜倍数由低倍调至高倍再至油镜，测出的目镜测微尺的每格长度如何变化，为什么？

实验 9.6　显微镜直接计数法（血细胞计数板法）

【实验目的】

1. 学习使用血细胞计数板。
2. 掌握使用血细胞计数板测定酵母菌细胞或霉菌的孢子数。

【实验原理】

微生物生长繁殖的计数分为直接法与间接法。直接法是指利用显微镜直接对样品中的细胞或孢子逐一进行计数，计数的结果通常为包括微生物的一些死细胞数的总菌数。直接计数法也可以与美蓝等特殊染料的染色相结合，也可以分别计算活菌数和总菌数。间接法即活菌计数，常用的有液体稀释法或平板菌落计数法。平板菌落计数法测定值与直接计数法计得的活菌数仍有一定的偏差。

血细胞计数板是一块特制的载玻片，其中间部分刻有 4 条沟槽，形成了三个平台，其中的中间宽的平台又被一短横槽分成两半，形成两个小平台，每个平台上各刻有一个方格网的计数区。当盖上特定盖玻片后，盖玻片与计数室形成的空间体积为 $0.1mm^3$，即 $10^{-4}mL$。计数室有两种刻度形式，一种是一个大方格分成 25 个中方格，每个中方格再分成 16 个小方格；另一种是一个大方格分成 16 个中方格，每个中方格再分成 25 个小方格。两种刻度方式的计数板都是 400 个小方格。计数时，可以将酵母菌悬液（或孢子悬液）充满计数室，在显微镜下数 5 个中方格的总菌数，求得每个中方格的平均值，再求得一个大方格中的总菌数，进而换算成 1mL 菌液中的总菌数。

【实验材料及仪器】

1. 材料

菌种：酿酒酵母培养 2d 的麦芽汁斜面培养物；黑曲霉培养 3d 的马铃薯琼脂平板培养物。

2. 试剂

香柏油，二甲苯，生理盐水。

3. 器皿与仪器

显微镜，血细胞计数板，盖玻片，接种环，酒精灯，擦镜纸，毛细滴管，滤纸，锥形瓶，旋涡振荡器等。

【实验步骤】

1. 制备菌悬液

将 5mL 无菌生理盐水加入酿酒酵母或黑曲霉的培养斜面，用无菌接种环在斜面上轻轻地来回刮取。将制备的悬液倒入盛有 5mL 生理盐水和玻璃珠的锥形瓶中，置于旋涡振荡器上充分振荡，使得酵母细胞或孢子分散。孢子液还需要用无菌脱脂棉和漏斗过滤去除菌丝。

2. 血细胞计数板的准备

先用自来水冲洗（不可使用硬刷子洗刷），再用 95% 乙醇棉球轻轻擦洗后再用水冲洗，最后用吸水纸吸干（不可用酒精灯火焰烘干）。镜检其中的计数室是否存在污物或黏附的微生物细胞。盖玻片也需要作同样的清洁处理。

3. 加入菌悬液

将清洁、干燥的血细胞计数板盖上专用的厚盖玻片。用无菌的毛细滴管取一小滴摇匀后的菌悬液放于盖玻片边缘，靠毛细渗透作用使得菌悬液自行渗入并充满计数室（注意加样时计数室不可有气泡产生）。用镊子轻压盖玻片，静置约 5min，使细胞自然沉降。

4. 显微镜观察

将血细胞计数板置于显微镜镜台上，低倍镜找到小方格网后（光线需要适当地减弱，以增加对比度），再转换到高倍镜后进行观察和计数。若菌液太浓或太稀，需要重新调节稀释度，才能再计数。适当的稀释度为每小格内有 5～10 个菌体细胞或孢子为宜。

5. 显微镜计数

若采用 16 中方格×25 小方格的计数器，选 4 个角上的 4 个中方格进行计数；若采用 25 中方格×16 小方格的计数器，选 4 个角和中央共 5 个中方格进行计数。位于格线上的菌体一般只数上方和右边线上的细胞。若遇到酵母菌出芽，芽体大小超过母细胞一半时，作为两个菌体计数。计数一个样品时，必须要重复计数 2～4 个计数室内的含菌数，若误差在统计的允许范围内，以平均值来按式(9.2)计算样品中的含菌量（以 25 中方格×16 小方格为例）。

$$1\text{mL 菌液中的总菌数} = \frac{5 \text{个中方格中的总菌数}}{5} \times 25 \times 10^4 \times \text{稀释倍数} \qquad (9.2)$$

6. 清洗与干燥

使用完毕，将血细胞计数板及盖玻片先用蒸馏水冲洗，吸水纸吸干，再用乙醇棉球轻轻擦洗后水冲，最后用擦镜纸擦干，放回盒中，供下次使用。

【数据处理与实验结果】

（1）列表阐述显微计数的结果，见表 9.6。

表 9.6　血细胞计数板的结果记录表

菌种	各中格菌数					五个中格的总菌数	稀释倍数	二室平均数	菌体细胞（孢子）数/mL
	1	2	3	4	5				
酿酒酵母	第一室								
	第二室								
黑曲霉	第一室								
	第二室								

（2）讨论实验指导书中提出的思考题，写出心得与体会。

【思考题】

1. 为什么计数室内不能有气泡？试分析产生气泡的原因。
2. 你认为用血细胞计数板计数的误差与哪方面的操作有关？应该如何避免？

实验 9.7　培养基的配制与灭菌

【实验目的】

1. 熟悉玻璃器皿的洗涤和灭菌前的准备工作。
2. 明确培养基的配制原理。
3. 通过对基础培养基的配制，掌握配制培养基的一般方法和步骤。
4. 掌握高压蒸汽灭菌技术。

【实验原理】

牛肉膏蛋白胨培养基是一种应用最广泛和最普通的细菌基础培养基，有时又称为普通培养基。由于这种培养基中含有一般细菌生长繁殖所需要的最基本的营养物质，所以可供作微生物生长繁殖之用。基础培养基含有牛肉膏、蛋白胨和 $NaCl$。其中牛肉膏为微生物提供碳源、能源、磷酸盐和维生素；蛋白胨主要提供氮源和维生素，而 $NaCl$ 提供无机盐。在配制固体培养基时还要加入一定量的琼脂作凝固剂。固体培养基中琼脂的含量根据琼脂的质量和气温的不同而有所不同。由于这种培养基多用于培养细菌，因此要用稀酸或稀碱，将其 pH 值调至中性或微碱性，以利于细菌的生长繁殖。

【实验材料及仪器】

1. 试剂

牛肉膏，蛋白胨，$NaCl$，琼脂，去离子水，$NaOH$，HCl。

2. 培养基

牛肉膏蛋白胨培养基，配方为：牛肉膏 3.0g，蛋白胨 10.0g，$NaCl$ 5.0g，水 1000mL，pH7.0～7.2。固体培养基为液体培养基中加入 15～20g 琼脂，养于 121℃ 高压灭菌 20min。

3. 器皿与仪器

试管，培养皿，移液管，锥形瓶，烧杯，量筒，玻棒，培养基分装器，天平，牛角匙，高压蒸汽灭菌锅，pH 试纸（pH 5.5～9.0），棉花，牛皮纸（或报纸），记号笔，麻绳，纱布，酒精灯等。

【实验步骤】

1. 玻璃器皿的洗涤和包装

（1）洗涤

玻璃器皿在使用前必须洗涤干净。培养皿、试管、锥形瓶等可用洗衣粉加去污粉洗刷并用自来水冲净。移液管先用洗液浸泡，再用水冲洗干净。洗刷干净的玻璃器皿自然晾干或放入烘箱中烘干、备用。

（2）包装

① 移液管的吸端用细铁丝将少许棉花塞入构成 1～1.5cm 长的棉塞（以防细菌吸入口中，并避免将口中细菌吹入管内）。棉塞要塞得松紧适宜，吸时既能通气，又不致使棉花滑入管内。将塞好棉花的移液管的尖端，放在 4～5cm 宽的长纸条的一端，移液管与纸条

约成 30°夹角，折叠包装纸包住移液管的尖端，用左手将移液管压紧，在桌面上向前搓转，纸条螺旋式地包在移液管外面，余下纸头折叠打结。按实验需要，可单只包装或多支包装，待灭菌。

② 用棉塞将试管管口和锥形瓶口部塞住。

棉塞的作用有两个：一是防止杂菌污染，二是保证通气良好。因此棉塞质量的优劣对实验的结果有很大的影响。正确的棉塞要求形状、大小、松紧与试管口（或锥形瓶口）完全适合，过紧妨碍空气流通，操作不便；过松则达不到滤菌的目的。加塞时应使棉塞长度的 1/3 留在试管口外、2/3 在试管口内，如图 9.1 所示。

做棉塞的棉花要选纤维较长的，一般不用脱脂棉做棉塞，因为它容易吸水变湿，造成污染，而且价格也贵。此外，在微生物实验和科研中，往往要用到通气塞。所谓通气塞，就是几层纱布

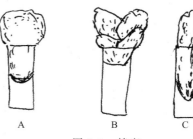

图 9.1　棉塞
A—正确；B,C—不正确

（一般 8 层）相互重叠而成，或是在两层纱布间均匀铺一层棉花而成。这种通气塞通常加在装有液体培养基的锥形烧瓶口上。经接种后，放在摇床上进行振荡培养，以获得良好的通气促使菌体生长或发酵，通气塞的形状如图 9.2 所示。

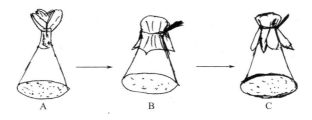

图 9.2　通气塞
A—配制时纱布塞法；B—灭菌时包牛皮纸；C—培养时纱布翻出

棉塞的制作（见图 9.3）：按试管口或锥形瓶瓶口大小估计用棉量，将棉花铺成中心厚、周围逐渐变薄的圆形，对折后卷成卷，一手握粗端，将细端塞入试管或锥形瓶的口内，棉塞不宜过松或过紧，用手提棉塞，以管、瓶不掉下为准。棉塞四周应紧贴管壁和瓶壁，不能有皱褶，以防空气微生物沿棉塞皱褶侵入。棉塞插入 2/3，其余留在管口或瓶口

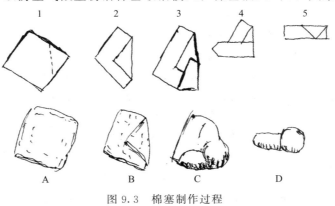

图 9.3　棉塞制作过程

外，便于拔塞。试管、锥形瓶塞好棉塞后，用牛皮纸（或报纸）包裹，并用细绳或橡皮筋捆扎好放在铁丝或铜丝篓内待灭菌。

③ 培养皿由一底一盖组成一套，用牛皮纸或报纸将 10 套培养皿（皿底朝里、皿盖朝外，5 套、5 套相对）包好。

2. 培养基的制备

（1）称量

按培养基配方比例依次准确地称取牛肉膏、蛋白胨、NaCl 放入烧杯中。牛肉膏常用玻棒挑取，放在小烧杯或表面皿中称量，用热水溶化后倒入烧杯中。也可放在称量纸上，称量后直接放入水中，这时如稍微加热，牛肉膏便会与称量纸分离，然后立即取出纸片。

注：蛋白胨很易吸湿，在称取时动作要迅速。另外，称药品时严防药品混杂，一把牛角匙用于一种药品，或称取一种药品后，洗净，擦干，再称取另一药品。瓶盖也不要盖错。

（2）溶化

在上述烧杯中先加入少于所需要的水量，用玻棒搅匀，然后在石棉网上加热使其溶解，或在磁力搅拌器上加热溶解。将药品完全溶解后，补充水到所需的总体积，如果配制固体培养基，则将称好的琼脂放入已溶的药品中，再加热熔化，最后补足所损失的水分。用锥形瓶配制固体培养基时，一般也可先将一定量的液体培养基分装于锥形瓶中，然后按 1.5%～2% 的量将琼脂直接分别加入各锥形瓶中，不必加热溶化，而是灭菌和加热溶化同步进行，节省时间。

在琼脂熔化过程中，应控制火力，以免培养基因沸腾而溢出容器。同时，需不断搅拌，以防琼脂糊底烧焦。配制培养基时，不可用铜锅或铁锅加热溶化，以免离子进入培养基中，影响细菌生长。

（3）调 pH 值

在未调 pH 值前，先用精密 pH 试纸测量培养基的原始 pH 值，如果偏酸，用滴管向培养基中逐滴加入 1mol/L NaOH，边加边搅拌，并随时用 pH 试纸测其 pH 值，直至 pH 值达 7.2。反之，用 1mol/L HCl 进行调节。

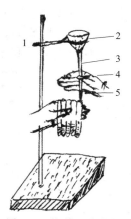

图 9.4　培养基分装装置
1—铁架台；2—漏斗；
3—乳胶管；4—弹簧夹；
5—玻璃管

对于有些要求 pH 值较精确的微生物，其 pH 值的调节可用酸度计进行。

注：pH 值不要调过头，以避免回调而影响培养基内各离子的浓度。配制 pH 低的琼脂培养基时，若预先调好 pH 值并在高压蒸汽下灭菌，则琼脂因水解而不能凝固。因此，应将培养基的成分和琼脂分开灭菌后再混合，或在中性 pH 条件下灭菌，再调整 pH 值。

（4）过滤

趁热用滤纸或多层纱布过滤，以利某些实验结果的观察。一般无特殊要求的情况下，这一步可以省去（本实验无需过滤）。

（5）分装

如图 9.4 所示。按实验要求，可将配制的培养基分装入试管内或锥形瓶内。

① 液体分装　分装高度以试管高度的 1/4 左右为宜。分装锥形瓶的量则根据需要而定，一般以不超过锥形瓶容积的一半为

宜，如果是用于振荡培养用，则根据通气量的要求酌情减少；有的液体培养基在灭菌后，需要补加一定量的其他无菌成分，如抗生素，则装量一定要准确。

② 固体分装　分装试管，其装量不超过高度的 1/5，灭菌后制成斜面。分装锥形瓶的量以不超过锥形瓶容积的一半为宜。

③ 半固体分装　装量一般以试管高度的 1/3 为宜，灭菌后垂直待凝。

注：分装过程中，注意不要使培养基粘在管口上，以免沾污棉塞而引起污染。

（6）加塞

培养基分装完毕后，在试管口或锥形瓶口上塞上棉塞（或泡沫塑料塞及试管帽等），以阻止微生物进入培养基内而造成污染，并保证有良好的通气性能。

（7）包扎

加塞后，将全部试管用麻绳捆好，再在棉塞外包一层牛皮纸，以防止灭菌时冷凝水润湿棉塞，其外再用一道麻绳扎好。用记号笔注明培养基名称、组别、配制日期。锥形瓶加塞后，外包牛皮纸，用麻绳以活结形式扎好，使用时容易解开，同时用记号笔注明培养基名称、组别、配制日期。

（8）灭菌

将上述培养基在 0.1MPa、121℃ 的条件下高压蒸汽灭菌 20min。

（9）搁置斜面

将灭菌的试管培养基冷至 50℃ 左右（以防斜面上冷凝水太多），将试管口端搁在玻棒或其他合适高度的器具上，搁置的斜面长度以不超过试管总长的一半为宜（见图 9.5）。

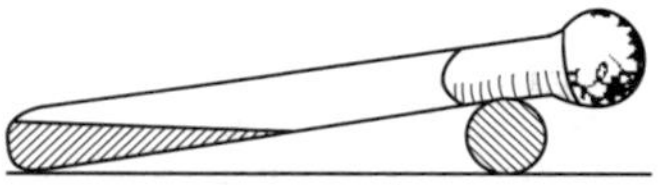

图 9.5　摆斜面

（10）无菌检查

将灭菌培养基放入 37℃ 的温室中培养 24～48h，以检查灭菌是否彻底。

3. 灭菌的操作过程

（1）加水

首先将内层锅取出，再向外层锅内加入适量的水，使水面与三角搁架相平为宜。有加水口者由加水口加入至止水线处。

注：切勿忘记加水，同时加水量不可过少，以防灭菌锅烧干而引起炸裂事故。

（2）装锅

放回内层锅，并装入待灭菌物品。注意不要装得太挤，以防妨碍蒸汽流通而影响灭菌效果。锥形瓶与试管口端均不要与桶壁接触，以免冷凝水淋湿包口的纸而透入棉塞。

（3）加盖

将盖上的排气软管插入内层锅的排气槽内。再以两两对称的方式同时旋紧相对的两个螺栓，使螺栓松紧一致，勿使漏气。

（4）点火

用电炉或煤气加热（用电源的则启动开关），并同时打开排气阀，使水沸腾以排除锅内的冷空气。

（5）关闭排气阀

待冷空气完全排尽后，关上排气阀，让锅内的温度随蒸汽压力增加而逐渐上升。当锅内压力升到所需压力时，控制热源，维持压力至所需时间。本实验用 0.1MPa、121.5℃、20min 灭菌。

注：灭菌的主要因素是温度而不是压力。因此锅内冷空气必须完全排尽后，才能关上排气阀，维持所需压力。

一般培养基用 0.1MPa，121.5℃，15～30min 可达到彻底灭菌的目的。灭菌的温度维持的时间随灭菌物品的性质和容量等具体情况而有所改变。例如，含糖培养基用 0.06MPa、112.6℃灭菌 15min，但为了保证效果，可将其他成分先行 121.5℃、20min 灭菌，然后以无菌操作手段加入灭菌的糖溶液。

（6）中断热源

灭菌所需时间到达后，切断电源或关闭煤气，让灭菌锅内温度自然下降，当压力表的压力降至"0"后，打开排气阀，旋松螺栓，打开盖子，取出灭菌物品。

注：压力一定要降到"0"时，才能打开排气阀，开盖取物，排除锅内剩余水。否则就会因锅内压力突然下降，使容器内的培养基由于内外压力不平衡而冲出烧瓶口或试管口，造成棉塞沾染培养基而发生污染，甚至灼伤操作者。

（7）将取出的灭菌培养基放入 37℃温箱培养 24h，经检查若无杂菌生长，即可待用。

【数据处理与实验结果】

1. 实验结果及分析

检查培养基灭菌是否彻底。

2. 讨论实验书中的思考题，写出心得体会。

【思考题】

1. 培养基根据什么原理配制而成？牛肉膏蛋白胨琼脂培养基中不同成分各起什么作用？

2. 为什么湿热比干热灭菌优越？

3. 培养基配好后，为什么必须立即灭菌？如何检查灭菌后的培养基是无菌的？

4. 高压蒸汽灭菌开始之前，为什么要将锅内冷空气排尽？灭菌完毕后，为什么要待压力降至"0"时才能打开排气阀，开盖取物？

实验 9.8 微生物的纯培养

【实验目的】

1. 掌握从环境（土壤、水体、活性污泥、垃圾、堆肥等）中分离培养微生物的方法，从而获得若干种微生物纯培养技能。

2. 掌握几种接种技术并熟练掌握微生物无菌操作技术。

3. 了解不同的微生物在斜面上、半固体培养基和液体培养基中的生长特征。

【实验原理】

自然界中各种微生物混杂生活在一起，即使取很少量的样品也是许多微生物共存的群体。人们要研究某种微生物的特性，首先必须使得该微生物处于纯培养状态，即培养物中所有细胞只是微生物的某一个种或株，它们有着共同的来源，是同一细胞的后代。稀释涂布平板法、稀释混合平板法或平板划线法是分离和纯化微生物的常规方法。

不同的微生物在固体、半固体和液体培养基中能表现出各自特有的培养特征，这些特征可以作为不同种类微生物的鉴别特征之一。了解它们的培养特征、掌握其生长规律对识别、控制和利用微生物具有重要价值。

【实验材料及仪器】

1. 材料

采集的土壤样品。菌种：枯草芽孢杆菌、大肠杆菌、金黄色葡萄球菌。

2. 试剂

KNO_3，$NaCl$，K_2HPO_4，$FeSO_4$，琼脂，葡萄糖，蛋白胨，$MgSO_4$，孟加拉红，牛肉膏，蛋白胨，可溶性淀粉，$NaOH$，HCl，链霉素，10％酚。

3. 培养基

所用培养基为淀粉琼脂培养基（高氏Ⅰ号培养基）、马丁氏琼脂培养基、牛肉膏蛋白胨琼脂培养基（具体组成见实验9.3）。

① 高氏Ⅰ号培养基（培养放线菌用）的配方：可溶性淀粉 20g，KNO_3 1.0g，$NaCl$ 0.5g，K_2HPO_4 0.5g，$MgSO_4$ 0.5g，$FeSO_4$ 0.01g，琼脂 20g，水 1000mL，pH7.2～7.4。配制时，先用少量冷水将淀粉调成糊状，倒入煮沸的水中，在火上加热，边搅拌边加入其他成分，溶化后，补足水分至 1000mL。121℃灭菌 20min。

② 马丁氏琼脂培养基（分离真菌用）的配方：葡萄糖 10g，蛋白胨 5g，K_2HPO_4 1.0g，$MgSO_4 \cdot 7H_2O$ 0.5g，1/3000 孟加拉红（rose Bengal，玫瑰红水溶液）100mL，琼脂 15～20g，去离子水 800mL。112℃灭菌 30min。临用前加入 0.03％链霉素稀释液 100mL，使每毫升培养基中含链霉素 30μg。

4. 器皿与仪器

无菌玻璃涂棒及移液管，试管，玻璃珠，锥形瓶，接种环，无菌培养皿，酒精灯等。

【实验步骤】

1. 从土壤中分离不同类型的微生物

微生物纯种分离的方法主要有两种：稀释涂布平板法和平板划线分离法。

（1）稀释涂布平板法

① 平板的制作方法　将牛肉膏蛋白胨琼脂培养基、高氏Ⅰ号琼脂培养基、马丁氏琼脂培养基加热溶化，待冷至 55～60℃时，高氏Ⅰ号琼脂培养基中加入 10％酚数滴，马丁琼脂培养基中加入链霉素溶液（终浓度为30μg/mL）混匀后分别制作平板，每种培养基倒三个平皿。

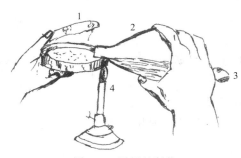

图 9.6　平板的制作

1—培养皿；2—锥形瓶；3—棉塞；4—酒精灯

平板的制作方法为：右手持盛培养基的试管或锥形瓶置火焰旁，用左手将试管塞或瓶塞轻轻地拔除，试管或瓶口保持对着火焰；然后用右手手掌边缘或小指与无名指夹注管（瓶）塞（也可以将试管塞或瓶塞放在左手边缘或小指与无名指之间夹住，如果试管内或锥形瓶内的培养基一次用完，管塞或瓶塞不必夹在手中）。左手拿培养皿将皿盖在火焰附近打开一缝，迅速倒入培养基约 15mL（见图 9.6），加盖后轻轻摇动培养皿，使培养基均匀分布在培养皿的底部，然后平置于桌面上，待凝后即为平板。

② 制备土壤稀释液　称取土样 10g，放入盛 90mL 无菌水并带有玻璃珠的锥形瓶中，振摇约 20min，使土样与水充分混合，将细胞分散。用一支 1mL 无菌吸管吸 1mL 土壤悬液加入盛有 9mL 无菌水的大试管中充分混匀，然后用无菌吸管从此试管中吸取 1mL（操作如图 9.7 所示）加入另一盛有 9mL 无菌水的试管中，混合均匀，依次类推制成 10^{-1}、10^{-2}、10^{-3}、10^{-4}、10^{-5}、10^{-6}不同稀释度的土壤溶液，如图 9.8(a) 所示。

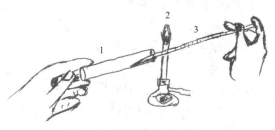

图 9.7　用移液管吸取菌液

1—试管；2—酒精灯；3—移液管

③ 涂布　将上述每种培养基的三个平板底面分别用记号笔写上 10^{-4}、10^{-5}和 10^{-6} 三种稀释度，然后用无菌吸管分别由 10^{-4}、10^{-5} 和 10^{-6} 三管土壤稀释液中各吸入 0.1mL 对号放入已写好稀释度的平板中［如图 9.8(b) 所示］，用无菌玻璃涂棒在培养基表面轻轻地涂布均匀，室温下静置 5～10min，使菌液吸附进培养基。

平板涂布方法为：将 0.1mL 菌悬液小心地滴在平板培养基表面中央位置（0.1mL 的菌液要全部滴在培养基上，若吸移管尖端有剩余的，须将吸移管在培养基表面轻轻地按一下即可），右手拿无菌涂棒平放在平板培养基表面，将菌悬液沿一条直线轻轻地来回推动，使之分布均匀（见图 9.9），然后改变方向沿另一垂直线来回推动，平板内边缘处可改变方向用涂棒再涂布几次。

④ 培养　将马丁氏培养基平板和高氏Ⅰ号培养基平板分别倒置于 28℃ 和 30℃ 温室中培养 3～5d，牛肉膏蛋白胨平板倒置于 37℃ 温室中培养 2～3d。

⑤ 挑菌落　将培养后长出的单个菌落分别挑起少许细胞接种到上述三种培养基的斜面上［见图 9.8(c)，操作过程见下文的斜面接种］，分别置于 28℃、30℃ 和 37℃ 温室培

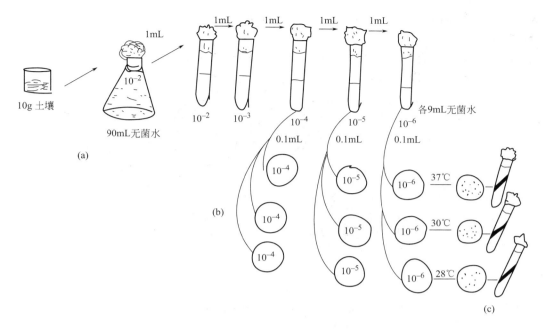

图 9.8　从土壤分离微生物操作过程

养，待菌苔长出后，检查其特征是否一致，同时将细胞涂片染色后用显微镜检查是否为单一的微生物。若发现有杂菌，需再一次进行分离、纯化，直到获得纯培养。

（2）平板划线分离法

① 平板的制作　按稀释涂布平板法制作平板，用记号笔标明培养基名称、土样编号和实验日期。

② 划线　在近火焰处，左手拿皿底，右手拿接种环，挑取上述 10^{-1} 的土壤悬液一环在平板上划线（见图9.10）。划线的方法很多，但无论采用哪种方式，其目的都是通过划线将样品在平板上进行稀释，使之形成单个菌落。

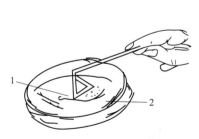

图 9.9　平板涂布操作图
1—玻璃涂棒；2—琼脂表面

图 9.10　平板划线操作图

常用的划线方法有以下两种：

a. 用接种环以无菌操作挑取土壤悬液一环，先在平板培养基的一边做第一次平行划线3～4条，再转动培养皿约70°角，并将接种环上的剩余物烧掉，待冷却后通过第一次划线部分作第二次平行划线，再用同样的方法通过第二次划线部分作第三次划线和通过第三次平行划线部分作第四次平行划线［见图9.11(a)］。划线完毕后，盖上培养皿盖，倒置于温室培养。

b. 将挑取有样品的接种环在平板培养基上作连续划线［见图9.11(b)］。划线完毕后盖上培养皿盖，倒置于温室培养；划线方法也可如图9.11(c) 所示。

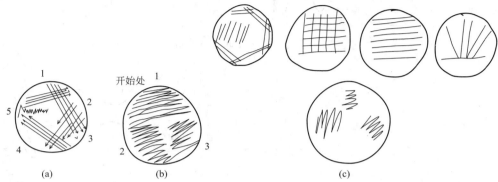

图 9.11　划线分离图

③ 挑菌落　同稀释平板涂布法，直到分离的微生物为纯培养物为止。

2. 三种不同微生物的培养特征检测

实验采用斜面、半固体和液体的牛肉膏蛋白胨培养基检测三种不同微生物的培养特征。常用的接种用具有接种环、接种针、接种钩、玻璃刮刀、铲、移液管、滴管等，如图9.12 所示。而微生物的分离培养、接种等操作需要在经紫外线灭菌的无菌操作室、无菌操作箱或生物超净台等环境下进行。

（1）斜面接种

① 在牛肉膏蛋白胨培养基斜面试管上用记号笔标明待接种的菌种名称、株号、日期和接种者。

② 点燃酒精灯。

③ 将菌种试管和待接种的斜面试管，用大拇指和食指、中指、无名指握在左手中，试管底部放在手掌内并将中指夹在两试管之间，使斜面向上成水平状态，如图9.13 所示，在火焰边用右手松动试管塞以利于接种时拔出。

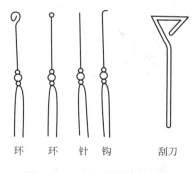

图 9.12　接种环及其他器具

环　环　针钩　　刮刀

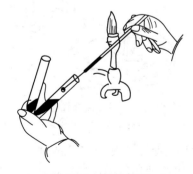

图 9.13　斜面接种

④ 右手拿接种环通过火焰灼烧灭菌，在火焰边用右手的手掌边缘和小指、小指和无名指分别夹持棉塞（或试管帽）将其取出，并迅速烧灼管口。

注：取试管棉塞或试管帽时要缓慢拔出，不宜用力过猛。

⑤ 将灭菌的接种环伸入菌种试管内，先将环接触试管内壁或未长菌的培养基，使接种环的温度下降达到冷却的目的。再从菌种试管中长菌的部分挑取少许菌苔，然后将接种环退出菌种试管，迅速伸入待接种的斜面试管，用环在斜面上自试管底部向上端轻轻地划一直线。

注：所划直线尽可能地直，切莫划几条线或蛇形，不要将培养基划破，也不要使接种环接触管壁或管口。

⑥ 接种环退出斜面试管，再用火焰烧灼管口，并在火焰边将试管塞上。将接种环逐渐接近火焰再烧灼，如果接种环上沾的菌体较多时，应先将环在火焰边烤干，然后烧灼，以免未烧死菌种飞溅出污染环境，接种病原菌时更要注意此点。

（2）液体培养基接种

向牛肉膏蛋白胨液体培养基中接种少量菌体时，其操作步骤基本与斜面接种法相同，不同之处是挑取菌苔的接种环放入液体培养基试管后，应在液体表面处的管内壁上轻轻摩擦，使菌体分散从环上脱开，进入液体培养基，塞好试管塞后摇动试管，使菌体在培养液中分布均匀，或用试管振荡器混匀。

若向液体培养基中接种量大或要求定量接种时，可先将无菌水或液体培养基加入菌种试管，用接种环将菌苔刮下制成菌悬液（刮菌苔时要逐步从上向下将菌苔洗下，用手或振荡器振匀），再将菌悬液用塞有过滤棉花的无菌吸管定量吸出后加入，或直接倒入液体培养基。如果菌种为液体培养物，则可用无菌吸管定量吸出后加入或直接倒入液体培养基。整个接种过程都要求无菌操作。

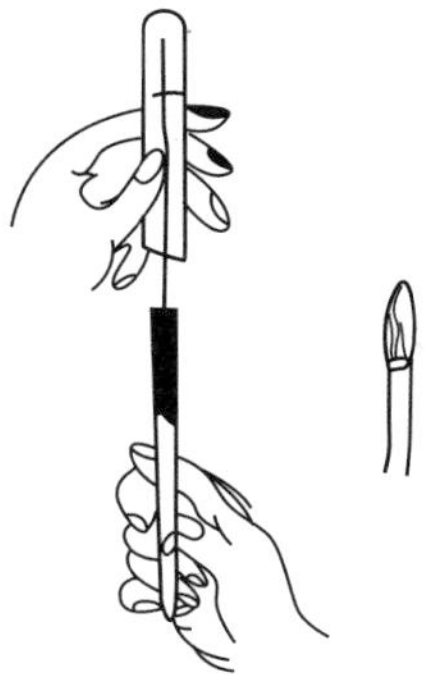

图 9.14　垂直式穿刺接种法

（3）穿刺接种

用接种针下端挑取菌种（针必须挺直），自半固体培养基的中心垂直刺入半固体培养基中，直至接近试管底部，但不要穿透，然后沿原穿刺线将针退出，塞上试管塞，烧灼接种针，如图 9.14 所示。

（4）将已接种的斜面、半固体和液体培养基放置 28～30℃温室培养 2～3d 后，取出观察结果。

【数据处理与实验结果】

1. 实验结果及分析

（1）从土壤中分离不同微生物的试验中，所做的平板涂布法和划线法是否得到了较好的单菌落？如果不是，请分析原因并重做。在三种不同的平板上你分离得到哪些类群的微生物？简述它们的菌落特征。

（2）采用斜面、半固体和液体的牛肉膏蛋白胨培养基检测三种不同微生物的培养特征的试验中，请详细描述试验中各种微生物在斜面、半固体和液体培养基中的培养特征。

2. 讨论实验书中的思考题，写出心得体会。

【思考题】

1. 用一根无菌移液管接种几种浓度的土壤稀释液时，应从哪个浓度开始？为什么？

2. 为什么高氏Ⅰ号培养基和马丁氏培养基中分别加入酚和链霉素？如果以牛肉膏蛋白胨培养基分离一种对青霉素有抗性的细菌，你认为该如何做？

3. 一个好氧的具周生鞭毛的菌株在半固体和液体培养基中的培养特征分别是怎样的？

4. 用斜面检测微生物的培养特征接种时，为什么不要划多条线或蛇形，而只要划一条直线？

5. 接种环（针）接种前后灼烧的目的是什么？为什么在接种前一定要将其冷却？如何判断灼烧过的接种环已冷却？

实验 9.9　淀粉水解实验

【实验目的】

1. 掌握微生物淀粉水解实验的原理和方法。
2. 证明不同微生物对淀粉的水解能力不同。

【实验原理】

所有活细胞中存在的化学反应为代谢。代谢过程主要是酶促反应过程。酶是微生物体内生物合成的一种生物催化剂，它是高分子蛋白质，具有催化生物化学反应加速进行，并具有传递电子、原子和化学基团的作用。具有酶功能的蛋白质多数在细胞内，称之为胞内酶。但许多细菌也会产生胞外酶，这些酶从细胞中释放出来，以催化细胞外的化学反应。如细菌中的淀粉酶能将遇碘呈蓝色的淀粉水解为遇碘不显色的糊精，并进一步转化为糖。各种微生物在代谢类型上表现出很大的差异，如表现在对大分子糖类和蛋白质的分解能力，以及分解代谢的最终产物不同，反映出它们具有不同的酶系。

【实验材料及仪器】

1. 材料

菌种：枯草芽孢杆菌、大肠杆菌、金黄色葡萄球菌。

2. 试剂

NaCl，NaOH，HCl，牛肉膏，蛋白胨，琼脂，可溶性淀粉，去离子水。卢戈氏碘液（配方见实验 9.2）。

3. 培养基

所使用培养基为牛肉膏蛋白胨培养基（配方见实验 9.3）、固体淀粉培养基。

固体淀粉培养基的配方：蛋白胨 10g，NaCl 5g，牛肉膏 5g，可溶性淀粉 2g，琼脂 15～20g，去离子水 1000mL。121℃灭菌 20min。

4. 器皿与仪器

无菌平板，接种环，试管，试管架，培养皿。

【实验步骤】

1. 将固体淀粉培养基熔化后冷却至 50℃左右，无菌操作制成平板。
2. 用记号笔在平板底部划成三部分。
3. 将枯草芽孢杆菌、大肠杆菌、金黄色葡萄球菌的液体牛肉膏蛋白胨培养物（试管中培养）分别在不同平皿部分划线接种，在平板的反面分别在相应的三部分写上菌名。
4. 将平板倒置在 37℃温箱中培养 24h。
5. 观察各种细菌的生长情况，将平板打开盖子，滴入少量卢戈氏碘液于平皿中，轻轻旋转平板，使碘液均匀铺满整个平板。

如菌苔周围出现无色透明圈，说明淀粉已被水解，该菌能分泌淀粉酶，阳性。透明圈的大小可初步判断该菌水解淀粉能力的强弱，即产生胞外淀粉酶活力的高低。

【数据处理与实验结果】

1. 实验结果及分析

列表描述三个菌株是否出现无色透明水解圈，见表 9.7。

表 9.7　淀粉水解结果

菌株	淀粉水解结果
枯草芽孢杆菌	
大肠杆菌	
金黄色葡萄球菌	

2. 讨论实验指导书中提出的思考题，写出心得与体会。

【思考题】

1. 不用碘液，你怎样证明淀粉水解的存在？

2. 你怎样解释淀粉酶是胞外酶而非胞内酶？

实验 9.10 糖酵解实验

【实验目的】

1. 学习糖酵解的原理。

2. 掌握糖酵解实验鉴定不同微生物的方法。

【实验原理】

糖酵解实验是常用的鉴别微生物的生化反应，对于肠道细菌的鉴定很重要。绝大多数细菌都能利用糖类作为碳源，但是它们分解糖类物质的能力及其分解产物有着很大的差异：有些细菌分解某些糖的产物为有机酸和气体，而有些细菌分解糖产生酸而不产气。通过培养基中所加入的溴甲酚紫指示剂（pH6.8 紫色～pH5.2 黄色）可以检测发酵液中的产酸情况。而气体的产生与否可以由倒置的德汉小管来证明。

【实验材料及仪器】

1. 材料

菌种：大肠杆菌、普通变形杆菌。

2. 培养基

实验所使用的培养基是：糖发酵培养基。

糖发酵培养基的配方为：蛋白胨 2g，NaCl 5g，待试糖（或醇）10g，K_2HPO_4 0.2g，1％溴麝香草酚蓝 3mL，蒸馏水 1000mL，pH7.0～7.4。115℃灭菌 20min。

1％溴麝香草酚蓝的制法：溴麝香草酚蓝先用少量 95％乙醇溶解，再加水配制成 1％水溶液。

注意事项：①一般的待试糖（或醇）按照 1％量加入，而半乳糖、乳糖则按 1.5％的量加入。②调 pH 值后，分装试管。装量一般达 4～5cm 高度后，内放一个德汉小管。③灭菌时，务必驱尽锅内空气，以防小管内有气泡残留。④配制半固体培养基：在上述糖发酵培养基中加入 5～6g 琼脂后灭菌，呈现蓝绿色。

3. 器皿与仪器

液体石蜡，无菌滴管，酒精灯，试管，试管架和接种环等。

【实验步骤】

1. 编号

用记号笔在试管外壁表面注明待试糖名称、菌种名称及实验日期等。

2. 接种

若是液体培养基，接种环挑取少量培养了 18～24h 的菌种至相应编号的试管中。用记号笔在平板底部划成三部分。若是半固体培养基，用穿刺接种法接入菌种至培养基中。用无菌滴管吸取灭菌的液体石蜡封盖琼脂柱，厚度以 0.5～1cm 为宜，用于隔绝空气。

3. 培养

接种后的糖发酵培养基置于 37℃恒温培养箱中培养 24h、48h 或 72h 后观察结果。

4. 观察结果

与阴性对照比较，若培养基保持原有颜色，则表明该菌不能利用某种糖，用"－"表示；若培养基变成黄色，则表明该菌能分解某种糖产酸，用"＋"表示；若培养基变黄色且德汉小管内有气泡，或半固体琼脂柱内有气泡、琼脂破裂或石蜡向上顶起等现象，表明该菌能分解糖产酸并产气，用"＋"表示。

【数据处理与实验结果】

1. 实验结果及分析

列表描述两个菌株的糖发酵实验的结果，见表9.8。

表 9.8　糖发酵实验结果

菌株	葡萄糖	乳糖
普通变形杆菌		
大肠杆菌		
阴性对照		

2. 讨论实验指导书中提出的思考题，写出心得与体会。

【思考题】

1. 大肠杆菌和普通变形杆菌分解葡萄糖所生成的产物有何不同？
2. 细菌利用糖类的过程中产生的酸和气体分别可能是什么？

实验 9.11　利用 16S rDNA 基因序列鉴定细菌

【实验目的】

1. 学习与掌握微生物分子遗传学鉴定的方法与技术。
2. 熟悉 PCR 技术在微生物分类学中的应用。

【实验原理】

微生物的鉴定是微生物分类和实践检测中经常遇到的工作，除了对微生物进行显微形态观察和生理生化检测外，利用 16S rDNA 基因序列鉴定细菌是对未知细菌进行初步鉴定的常规手段之一。

【实验材料及仪器】

1. 材料

菌种：分离纯化后待鉴定的细菌菌种。

培养基：实验所使用的是牛肉膏蛋白胨培养基。

2. 试剂

无菌水，PCR 试剂，引物，琼脂糖，电泳缓冲液，溴化乙锭溶液，Loading buffer，通用型柱式基因组 DNA 提取试剂盒，PCR 产物纯化回收试剂盒等。

（1）PCR 试剂含有 $10 \times Taq$ DNA 聚合酶缓冲液、dNTP 混合物和 Taq DNA 聚合酶。

（2）16S rDNA 基因扩增引物：27F，5'-AGAGTTTGATCCTGGCTCAG-3'；1492R，5'-GGTTACCCTTGTTACGACTT -3'。

3. 器皿与仪器

移液枪，枪头，PCR 反应管，水浴锅，离心机，PCR 仪，凝胶电泳仪等。

【实验步骤】

1. 基因组 DNA 的提取

按照通用型柱式基因组 DNA 提取试剂盒说明书，提取目标细菌的基因组 DNA。

2. 目标菌株的 16S rDNA 基因序列测定

（1）在 PCR 反应管中加入如下 PCR 反应体系：

菌体的基因组 DNA 模板	$2 \mu L$	dNTP 混合物（2.5mmol/L）	$5 \mu L$
$10 \times Taq$ DNA 聚合酶缓冲液	$5 \mu L$	Taq 聚合酶（2U/μL）	$0.5 \mu L$
引物 Pf（2.5μmmol/L）	$10 \mu L$	总计（加无菌水）	$50 \mu L$
引物 Pr（2.5μmmol/L）	$10 \mu L$		

注：各种溶液加入后，需要混合均匀。

（2）PCR 反应管放入 PCR 仪的样品孔中，采用以下程序进行 PCR 扩增：

循环步骤	温度/℃	时间	循环次数
预变性	95	5min	1
变性	95	1min	
退火	55	1min	30
延伸	72	90s	
延伸	72	10min	1

（3）PCR 扩增结束后取出 PCR 反应管，通过琼脂糖凝胶电泳检测 PCR 产物。

（4）从电泳中切除 1500bp 附近的条带进行回收纯化（纯化方法根据试剂盒的说明书进行），纯化产物送交测序公司进行 16S rDNA 基因测序。

3. 目标菌株的 16S rDNA 基因序列分析

（1）利用 NCBI 数据库上提供的核苷酸比对功能（http://blast.ncbi.nlm.nih.gov/Blast.cgi），寻找与菌株的 16S rDNA 基因序列相似度及覆盖程度均较大的核苷酸序列。

（2）利用 EBI 数据库中提供的 Clustal Omega 软件（http://www.ebi.ac.uk/Tools/msa/clustalo/），对上述在 NCBI 数据库上经核苷酸比对获得的 DNA 序列与菌株的 16S rDNA 基因序列一起进行多重序列比对。

（3）采用 Mega 6 软件，对此多重序列比对结果进行各序列间的同源性分析与比较，并构建系统发育树，其中，以 Maximum Composite Likelihood Model 计算进化距离，以 Neighbor-joining Statistical Method 构建进化树。

（4）根据序列比对结果和系统进化树的构建结果，分析出目标菌株的可能分类地位。

【数据处理与实验结果】

1. 实验结果及分析

① 将紫外灯下观察的琼脂糖凝胶电泳结果贴入表 9.9 中。

表 9.9　琼脂糖凝胶电泳结果

（贴入凝胶电泳结果）

② 将目标菌株的 16S rDNA 测序结果填入表 9.10 中。

表 9.10　目标菌株的 16S rDNA 测序结果

目标菌株的 16S rDNA 测序结果	
（贴入序列）	
利用 NCBI 数据库的核苷酸比对结果	
（贴入比对结果）	
最相似菌种名：	最高相似度：　　　%

目标菌株的 Neighbor-joining 进化树
（贴入系统发育树的结果）
目标菌株的初步鉴定结果：

拉丁名(属名＋种名)为：

2. 讨论实验指导书中提出的思考题，写出心得与体会。

【思考题】

1. 真菌与细菌的分子遗传学鉴定有哪些不同？
2. 为何引物（27F 和 1492R）能够扩增大多数细菌的 16S rDNA 基因？

实验 9.12　菌种的保藏

【实验目的】

1. 了解微生物菌种保藏共同的原理。
2. 学习并掌握几种常用的简易菌种保藏法。

【实验原理】

菌种保藏的任务是对从自然界或实验室中广泛收集到的菌种等用适宜的方法进行保藏，使其保持不死、不衰、不变异和不污染。

菌种保藏共同的基本原理为：首先选用休眠体如分生孢子、芽孢等，并根据微生物的生理生化特征，创造出一个低温、干燥、缺氧、避光和缺少营养的环境条件，使得微生物的生长繁殖受到抑制，使得休眠体能够长期处于休眠状态。若不产孢子或芽孢，则需使得新陈代谢处于最低水平，在此条件下，微生物极少或不发生变异，以此达到长期保藏的目的。

常用的菌种保藏方法有斜面或半固体穿刺菌种的冰箱保藏法、液体石蜡封藏法、砂土保藏法、冷冻干燥保藏法和液氮保藏法等。本实验重点介绍斜面传代的冰箱保藏法和甘油保藏法。

【实验材料及仪器】

1. 材料

菌种：待保藏的细菌、放线菌、酵母菌和霉菌菌种。

培养基：牛肉膏蛋白胨琼脂培养基，高氏 I 号培养基，马丁氏琼脂培养基，查氏培养基。

2. 器皿与仪器

试管，接种环，Eppendorf 管，无菌移液管，锥形瓶，低温冰箱，培养箱，无菌生理盐水和 80% 无菌甘油等。

【实验步骤】

1. 斜面传代保藏法

（1）贴标签

在无菌试管斜面的正上方（距试管口 2～3cm 处）贴上标签，注明菌种和菌株名称以及接种日期。

（2）接种

将待保藏的菌种用接种环以无菌操作接种到相应的斜面培养基上。

注：用于保藏的菌种需要选用健壮的细胞或孢子，细菌和酵母接种对数生长期的细胞，放线菌和真菌需接种成熟的孢子。

（3）培养

细菌斜面置于 37℃ 恒温箱中培养 18～24h，酵母斜面置于 28～30℃ 恒温培养箱中培养 24～48h，放线菌和真菌置于 28℃ 下培养 4～7d。

（4）冰箱保藏

斜面菌种长好之后，为了防止棉塞受潮长杂菌，用牛皮纸包扎管口棉塞，或是换上无菌胶塞，或是换上螺旋帽，或是用熔化的固体石蜡封住管口，置于 4℃ 冰箱保藏。

注：保藏温度不宜太低，否则会加速菌株的死亡。保藏时间依微生物的种类而定，不产芽孢的细菌最好每月移种 1 次，酵母菌间隔 2 个月移种 1 次，有芽孢的细菌、放线菌和霉菌一般保藏 2～4 个月，移种 1 次。

2. 甘油保藏法

（1）无菌甘油的制备

80％甘油 121℃ 加压蒸汽灭菌 20min，备用。

（2）保藏培养物的制备

待保藏菌种在斜面上传代活化 1～2 代后，在相应的平板上划线分离、培养，再挑选最典型的单菌落接种到液体培养基中。

注：需要对活化的菌种进行菌种性能检测。

（3）保藏甘油菌悬液的制备

将上述菌液离心，再取相应的新鲜培养基制备成 $10^8 \sim 10^9$/mL 的菌悬液。吸取 0.5mL 置于无菌的 Eppendorf 管中，再加入 0.5mL 80％的甘油，塞紧盖子，反复振荡，使得菌悬液与甘油充分混匀。

（4）低温保藏

上述甘油菌悬液置于 −20℃ 左右的低温下保藏。或者将这些菌悬液置于乙醇-干冰或液氮中快速冷冻。

（5）超低温保藏

速冻的甘油菌种管置于 −70℃ 以下保藏。

注：保存期的检测中切勿反复冻融，一般细菌或酵母菌的保存期为 3～5 年。

（6）菌种保藏期限的检测

在保藏期间用无菌接种环蘸取菌悬液或刮取冻结物，接种于对应的斜面培养基上，适温培养，以判断菌种的保藏情况。

【数据处理与实验结果】

1. 实验结果及分析

列表描述菌种保藏结果，见表 9.11。

表 9.11　菌种保藏的结果

| 接种日期 | 菌种名称 | 培养条件 | | 保藏方法 | 保藏温度 | 保藏时限 | 菌种生长情况 |
		温度	培养基				

2. 讨论实验指导书中提出的思考题，写出心得与体会。

【思考题】

1. 斜面传代保藏法和甘油保藏法各有何优缺点？
2. 如何避免管口棉塞受潮和长杂菌？
3. 甘油保藏法保藏菌种的操作需要注意哪些环节？

实验 9.13　空气中微生物的检测

【实验目的】

1. 通过实验了解一定环境空气中微生物的分布状况。
2. 学习并掌握检定和计数空气中微生物的基本方法。
3. 比较来自不同场所与不同条件下细菌的数量和类型。
4. 观察不同类群微生物的菌落形态特征。
5. 体会无菌操作的重要性。

【实验原理】

微生物是肉眼看不见的，但实际上它们广泛分布于室内外的空气、水和土壤中，桌、椅和板凳的表面，衣服以及身体的皮肤、黏膜（例如鼻腔）等处。因此，可以说微生物是无缝不钻、无孔不入的。而空气由于气流、尘埃和水雾的流动，人与动物的活动等，使得空气环境常常受到微生物污染。以细菌总数作为空气微生物污染的评价指标，监测医院、幼托机构、公共场所等地的空气，对防止传染病的传播，是十分必要的。

检测空气中微生物的常用方法有滤过法、撞击法、自然沉降法及简易定量测定法。自然沉降法（natural sinking method）是指琼脂平板在采样点暴露若干时间后，经培养后对菌落数进行计数的采样测定方法。此方法简单，使用普遍，但因为只有一定大小的颗粒才能在一定时间内沉降到培养基上，所以所测的微生物数量会比实际量少，准确度较低，仅可用于粗略计算空气污染程度及了解被测区域的空气中微生物的种类。

【实验材料及仪器】

1. 试剂

KNO_3，$NaCl$，K_2HPO_4，$FeSO_4$，KCl，$MgSO_4$，可溶性淀粉，蔗糖，牛肉膏，蛋白胨，琼脂，去离子水，$NaOH$，HCl。

2. 培养基

实验所使用的培养基为：牛肉膏蛋白胨培养基，高氏Ⅰ号培养基，查氏培养基。

查氏培养基（分离霉菌用）配方为：$NaNO_3$ 2.0g，K_2HPO_4 1.0g，KCl 0.5g，$MgSO_4$ 0.5g，$FeSO_4$ 0.01g，蔗糖 30g，琼脂 15～20g，去离子水 1000mL。121℃灭菌 20min。

3. 器皿与仪器

锥形瓶（500mL），去离子水瓶（15L），无菌培养皿，无菌移液管等。

【实验步骤】

每组在"实验室"和"无菌操作台"两个实验场所中各选择一个内容做实验，或由教师指定分配，最后结果供全班讨论。

（1）将牛肉膏蛋白胨培养基、查氏培养基、高氏Ⅰ号培养基熔化后，三种培养基各倒在 15 个平板，冷凝。

（2）在一定面积的房间内，按照图 9.15 的 5 点所示，每种培养基每个点放三个平板，打开盖，放置 30min 和 60min 后盖上盖子，牛肉膏蛋白胨培养基培养细菌的，置于 37℃ 恒温箱中培养 24h。查氏培养基、高氏Ⅰ号培养基分别培养霉菌和放线菌，置于 28℃ 恒温箱中培养 24～28h。

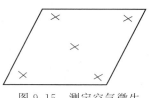

图 9.15　测定空气微生物的 5 点采样法

（3）结果记录方法

① 菌落计数。在划线的平板上，如果菌落很多而重叠，则数平板最后 1/4 面积内的菌落数。不是划线的平板，也一分为四，数 1/4 面积的菌落数。

② 根据菌落大小、形状、高度、干湿等特征观察不同的菌落类型。但要注意，如果细菌数量太多，会使很多菌落生长在一起，或者限制了菌落生长而变得很小，因而外观不典型，故观察菌落特点时要选择分离得很开的单个菌落。

菌落特征描写方法如下：

a. 大小：大、中、小针尖状。可先将整个平板上的菌落粗略观察一下，再决定大、中、小的标准。

b. 颜色：黄色、金黄色、灰色、乳白色、红色、粉红色等。

c. 干湿情况：干燥、湿润、黏稠。

d. 形态：圆形、不规则等。

e. 高度：扁平、隆起、凹下。

f. 透明程度：透明、半透明、不透明。

g. 边缘：整齐、不整齐。

【数据处理与实验结果】

1. 实验结果及分析

以自然沉降法检测空气中的微生物种类和数量，将观察到的各种微生物的菌落形态和颜色，记录在表 9.12 和表 9.13 中，且与其他同学所作的结果进行比较后填入表 9.14 中。

表 9.12　平板结果

样品来源	菌落数（近似值）	菌落类型	特征描写						
			大小	形态	干湿	高度	透明度	颜色	边缘
30min		1							
		2							
		3							
		4							
		5							
60min		1							
		2							
		3							
		4							
		5							

表 9.13　空气微生物的测定结果

环境		菌落数		
		细菌	霉菌	放线菌
室内	30min			
室外	60min			

表 9.14　与其他同学所作的结果比较

样品来源	菌落数（1/4 平板）	菌落类型数（近似值）

2. 讨论实验指导书中提出的思考题，写出心得与体会。

【思考题】

1. 人多的实验室与无菌室相比，平板上的菌落数与菌落类型有什么区别？你能解释一下造成这种区别的原因吗？

2. 通过本次实验，在防止培养物的污染与防止细菌的扩散方面，你学到了哪些知识？

实验 9.14 大肠杆菌生长曲线的测定

【实验目的】

1. 了解光电比浊法测定细菌数量的原理和方法。
2. 通过细菌数量的测定了解大肠杆菌的生长特征和规律，绘制生长曲线。

【实验原理】

单细胞微生物个体生长时间较短，很快进入分裂繁殖阶段，因此，个体生长难以测定，除非特殊目的，否则单个微生物细胞生长测定实际意义不大。微生物的生长与繁殖（个体数目增加）是交替进行的，它们的生长一般不是依据细胞的大小，而是以繁殖，即群体生长作为微生物生长的指标。群体生长表现为细胞数目的增加或细胞物质的增加。测定细胞数目的方法有显微镜直接计数法、平板菌落计数法、光电比浊法、最大概率法（most probable number，MPN）以及膜过滤法等。当光线通过微生物菌悬液时，由于菌体的散射及吸收作用，使得光线的透过量降低。在一定范围内，微生物细胞浓度与透光率呈反比，与吸光度呈正比，而吸光度或透光率可以由光电池精确测出。所以，可用分光光度计进行光电比浊测定不同培养时间细菌悬浮液的 OD 值，而绘制生长曲线。

【实验材料及仪器】

1. 材料

菌种：大肠杆菌。

2. 试剂

蛋白胨，酵母膏，NaCl，NaOH，HCl，去离子水。

3. 培养基

所使用培养基为 LB（Luria-Bertani）液体培养基。配方：蛋白胨 10g，酵母膏 5g，NaCl 10g，去离子水 1000mL（pH7.0）。121℃灭菌 20min。

4. 器皿与仪器

722 型分光光度计，摇床，无菌试管，无菌吸管，无菌生理盐水等。

【实验步骤】

1. 标记

取 11 支无菌大试管，用记号笔分别标明培养时间，即 0、1.5h、3h、4h、6h、8h、10h、12h、14h、16h 和 20h。

2. 接种

分别用 5mL 无菌吸管吸取 2.5mL 大肠杆菌过夜培养液（培养 10～12h）转入盛有 50mL LB 液的锥形瓶内，混合均匀后，分别取 5mL 混合液放入上述标记的 11 支无菌大试管中。

3. 培养

将已接种的试管置摇床 37℃振荡培养（振荡频率 250r/min），分别培养 0、1.5h、3h、4h、6h、8h、10h、12h、14h、16h 和 20h，将标有相应时间的试管取出，立即放冰箱中贮存,最后一同比浊测定其吸光度值。

4. 比浊测定

用未接种的 LB 液体培养基作为空白对照,选用 600nm 波长进行光电比浊测定。从早取出的培养液开始依次测定,对细胞密度大的培养液用 LB 液体培养基适当稀释后测定,使其吸光度值在 0.1~0.65 之内(测定 OD 值之前,将待测定的培养液振荡,使细胞均匀分布)。

【数据处理与实验结果】

1. 实验结果及分析

(1) 将测定的 OD_{600nm} 值填入表 9.15。

表 9.15 测定的 OD_{600nm} 值

培养时间/h	对照	0	1.5	3	4	6	8	10	12	14	16	20
吸光度值 OD_{600nm}												

(2) 按图 9.16 绘制大肠杆菌的生长曲线。

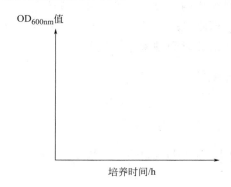

图 9.16 大肠杆菌的生长曲线图

2. 讨论书中的思考题,写出心得体会。

【思考题】

1. 细菌生长繁殖所经历的四个时期中,哪个时期其代时最短?若细胞密度为 $10^3/mL$,培养 4.5h 后,其密度高达 $2×10^8/mL$,请计算出其代时。

2. 次生代谢产物的大量积累在哪个时期?根据细菌生长繁殖的规律,采用哪些措施可使次生代谢产物积累更多?

实验 9.15 土壤中解磷微生物的分离纯化及鉴定

【实验目的】

1. 熟悉从土壤中分离溶磷微生物的具体操作方法。
2. 加深理解选择性培养基及其应用。
3. 巩固微生物的纯培养和鉴定方法。

【实验原理】

从天然样品中获得重要的菌种，常常是利用选择性培养基对样品中少数的目标菌株进行富集，随之进行纯种分离。选择性培养基是一类根据某些微生物的特殊营养要求或其对某化学、物理因素的抗性而设计的培养基，具有使混合菌中目标菌株成为优势菌株，从而使其能被筛选出来的功能。

解磷微生物是指具有溶解难溶性磷将其转化成可溶性磷能力的一类特殊的微生物，又被称为解磷菌。解磷菌广泛分布的场所有植物根际、土壤、水体、生物体内。解磷菌表现出特别的根际效应，在玉米、冬小麦等作物根际附近，解磷菌的数量要明显高于非根际土壤。

解磷微生物通过利用代谢过程中产生的酸或者酶，可以将环境中的不可溶性磷转化成可溶性磷。由于具有溶磷功能，目前解磷菌被广泛地应用到与溶磷相关的各个方面。比如，利用解磷菌的浸矿液生产磷肥，对于提高中低品位磷矿的利用率有着不可替代的优势。此外，利用解磷菌还可以生产微生物肥料，通过固定化的方法将解磷菌制成生物肥料，可以大幅度增加土壤中能被利用的磷含量，以此促进植物的生长，并且可以将土壤中沉积的无效磷转变成可以利用的磷酸盐，从而改善土质。解磷菌在水体污染特别是水体富营养化（如水华和赤潮）的治理中也有着一定的作用。利用解磷菌对水体中的有机磷进行降解，可以有效地治理水体富营养化。

【实验材料及仪器】

1. 材料

土样：取自被子植物三七根系。

培养基：实验所使用的培养基为 NBRIP 培养基。配方为：$Ca_3(PO_4)_2$ 5.0g，葡萄糖 10.0g，$(NH_4)_2SO_4$ 0.15g，KCl 0.2g，$MgCl_2 \cdot 6H_2O$ 0.5g，$MgSO_4 \cdot 7H_2O$ 0.5g，蒸馏水 1000mL，pH7.0。115℃灭菌 15min。

2. 试剂

（1）磷含量测定的显色剂 A 和 B 的配制

溶剂 A：在 200mL 的水（60℃）中溶解已精确称取的 12.5g 钼酸铵，取出后静置待其冷却。

溶剂 B：于 150mL 的沸水中溶解 0.625g 的偏钒酸铵，待溶液冷却后，再加入 125mL 硝酸。

最后将溶液 A 缓慢倒入溶剂 B 中，并用去离子水定容至 1L。

（2）ITS 序列引物

ITS1：5'-TCCGTAGGTGAACCTGCGG-3'。

ITS4：5'-TCCTCCGCTTATTGATATGC-3'。

3. 器皿与仪器

紫外-可见分光光度计，pH 计，高压蒸汽灭菌锅，生化培养箱，摇床，显微镜，离心机，PCR 仪，凝胶电泳仪，培养皿，锥形瓶，无菌试管，无菌吸管，无菌生理盐水等。

【实验步骤】

（1）准备 NBRIP 培养基

倒 NBRIP 培养基平板，每皿 15mL。

（2）富集

取 5g 上述土壤样品，加入总体积为 100mL 的 NBRIP 液体培养基中，置于 30℃、200r/min 条件下培养一周。

（3）初筛

经富集培养后的菌液进行浓度的梯度稀释后，在对应的平板培养皿上进行涂布。皿盖朝下，放入 30℃ 恒温生化培养箱中，待 4~6h 后翻面，然后每隔 24h 观察一次平板培养皿中菌落的生长状况。涂布一周后，从平板培养皿中择出具有明显溶磷圈的真菌菌落进行平板划线，同时统计进行划线的各菌落的溶磷圈直径（D）和菌落直径（d）。由测量得到的溶磷圈直径（D）、菌落直径（d）计算 D/d 比值，以 D/d 比值作为判断解磷真菌的相对溶磷能力的依据。

每次纯化时，用接种环挑取上次划线的尾端或是选择有较明显溶磷圈变化的部分用于进一步的纯化。如此重复 3~4 次后，进行镜检。当视野中看到的细菌的个体大小以及形态基本一致时，即完成了对菌种的纯化。

（4）复筛

对经分离纯化后的解磷微生物进行溶磷量的测量。本实验采用磷钒钼黄比色法测量培养液中可溶磷的含量。

第一步，绘制标准曲线：在烘箱中将 KH_2PO_4 烘至干燥，2h 后取出，并准确称取 0.1433g 溶解于去离子水中，再在容量瓶中定容至 1L，得到 PO_4^{3-} 标准溶液（其中 PO_4^{3-} 浓度为 100μg/mL）。分别在 8 支 100mL 容量瓶中加入 0.00、1.00mL、2.00mL、4.00mL、6.00mL、8.00mL、10.00mL 上述 PO_4^{3-} 标准溶液和 20mL 显色剂，并用去离子水分别定容至 100mL，摇匀后静置 20~30min。在波长 420nm 处，测定吸光度值，再以 PO_4^{3-} 含量、OD_{420nm} 分别为横、纵坐标，绘制标准曲线。

第二步，测定：取 1mL 已活化的菌液到 100mL 的 NBRIP 液体培养基中，以接 1mL 无菌水作为对照组。将上述培养基置于 30℃、200r/min 条件摇床中培养，每 6h 取出 1mL 待测液于 1.5mL 的离心管中，并向培养基中补充等体积的液体培养基，于 8000r/min 离心 10min，取 0.5mL 上层清液置于 50mL 比色管中，加入 10mL 显色剂，再用去离子水稀释至 50mL，摇匀，静置 30min 后，在 420nm 的波长处测定吸光值 A，以去离子水为参比。

第三步，计算：通过已绘制出的标准曲线，可知其斜率为 k，参比吸光值为 b，培养

液在 OD_{420nm} 处吸光值为 A，难溶性磷酸盐在培养基中的初始浓度为 m，磷酸根离子占难溶性磷酸盐的质量比为 n。计算稀释前 0.5mL 培养液中的溶磷量（溶出磷浓度，单位为 g/L）用 y 表示（单位为 g/L），溶磷率用 z 表示。由式(9.3)计算不同培养条件下培养液中的溶磷量。

$$y = \frac{(A-b)}{k} \times \frac{100}{1000}(g/L) \tag{9.3}$$

（5）菌种保藏

将纯化后的菌种接种于 NBRIP 固体培养基斜面上，待生长出菌落后，置于 4℃ 环境中低温储存。对于复筛时溶磷效果最好的一株菌进行甘油管保种：用接种环从已经完成纯化后的平板培养皿中挑取细菌，接种到 10mL 的 NBRIP 液体培养基中。在 30℃、200r/min 的恒温摇床中培养一周。待菌体生长起来后，从取出 1mL 菌液加入已灭菌的盛有 200μL 甘油的甘油管中，将甘油管中的甘油和菌液充分混匀后，置于 −20℃ 和 −80℃ 中保存。

（6）鉴定

对菌种进行形态学、生理生化及分子遗传学鉴定，得出菌种的归属。

第一步，形态学鉴定：对细菌在显微镜下进行个体形态观察，将不同培养阶段的菌体制片后，在光学显微镜下观察不同生长阶段的菌体形态，主要包括单细胞、菌丝体以及孢子的形态，若为细菌，还需进行革兰氏染色、芽孢染色和荚膜染色等。培养至指数期的菌液点种到 NBRIP 固体培养基上，将接种后的平板放置于 30℃ 的生化培养箱中。每隔一段时间观察是否有菌落产生，以及菌落形态、大小、颜色以及溶磷圈颜色等特征。另外，将菌液以 1% 的接种量接种到液体培养基中，在 30℃，200r/min 的条件下进行培养，观察液体培养基的颜色变化及培养基中的菌种是否出现特殊的形态变化。

第二步，生理生化鉴定（糖发酵实验及淀粉水解实验）：分别制备以葡萄糖、蔗糖、乳糖为碳源的糖发酵培养基（内装有倒置的德汉氏小管），将筛出的解磷菌接入不同碳源的糖发酵培养基，以不接菌呈阴性反应的糖发酵培养基作为对照。做好标记后，放入 30℃ 条件下培养 48h。观察各试管中的颜色变化及倒置小管中有无气泡生成。将配置的固体淀粉培养基灭菌后冷却至 50℃ 左右，在超净台中制成平板；使用接种环在淀粉平板上划线；在 30℃ 培养箱中培养 48h；待划线部分长出菌后，向平板中滴入少量卢戈氏碘液，轻轻旋转，使碘液均匀铺满整块板。观察划线菌落周围是否有无色透明圈出现。

第三步，16S rDNA（细菌）或 ITS 序列（真菌）鉴定：按照通用型柱式基因组 DNA 提取试剂盒说明书，提取目标细菌的基因组 DNA。采取 16S rDNA 引物或 ITS 序列引物 PCR 扩增，目标条带（约 1500bp）进行回收纯化，产物送交给武汉擎科创新生物科技有限公司进行测序，经 NCBI 数据库的 BlastN 功能对此测序结果进行分析。将这些基因序列提交到 EBI 数据库中进行 clustal omega 分析（http://www.ebi.ac.uk/Tools/msa/clustalo/），对此多重序列比对结果利用软件 MEGA 5.0 构建系统发育树，以 Maximum Composite Likelihood model 计算进化距离，以 neighbor-joining Statistical method 构建进化树。

【数据处理与实验结果】

1. 实验结果及分析

① 将筛选到的解磷菌株在 NBRIP 培养基上的溶磷圈图贴入表 9.16。

表 9.16　解磷菌株的溶磷圈图

解磷菌株的溶磷圈图
（贴入图）

② 将筛选到的解磷菌株在显微镜下的个体形态图贴入表 9.17，若是真菌，贴入菌丝和孢子等图；若是细菌，除细胞形态图，还需贴入革兰氏染色、荚膜染色和芽孢染色图。

表 9.17　解磷菌株在显微镜下的个体形态图

解磷菌株的个体形态图
（贴入图）

③ 将解磷菌株的生理生化鉴定结果填入表 9.18。

表 9.18　解磷菌株的生理生化鉴定图

解磷菌株的生理生化鉴定图
（贴入图）

④ 将解磷菌株的 16S rDNA 或 ITS 序列测序结果填入表 9.19。

表 9.19　解磷菌株的 16S rDNA/ITS 序列测序结果

解磷菌株的 16S rDNA/ITS 测序结果	
（贴入序列）	
利用 NCBI 数据库的核苷酸比对结果	
（贴入比对结果）	
最相似菌种名：	最高相似度：　　％
解磷菌株的 Neighbor-joining 进化树	
（贴入系统发育树的结果）	
解磷菌株的初步鉴定结果： 拉丁名(属名＋种名)为：	

2. 讨论实验指导书中提出的思考题，写出心得与体会。

【思考题】

1. 为了确保分离到的菌株都可以溶解难溶性磷源，本实验还有哪些方面可以改进？
2. 试比较细菌和真菌在难溶性磷源溶解方面的优势和劣势？

第 10 章　基因工程实验

实验 10.1　原核生物基因组 DNA 的提取及电泳检测

【实验目的】

1. 掌握细菌基因组 DNA 提取的基本原理。
2. 学习并掌握细菌基因组 DNA 提取和检测方法。
3. 提取细菌基因组 DNA 用于 PCR 扩增目的基因、Southern 杂交及构建基因组文库等。

【实验原理】

提取 DNA 的过程中，首先是将分散好的细胞在含十二烷基硫酸钠（SDS）和蛋白酶 K 的溶液中消化蛋白质，SDS 可通过失活蛋白破坏细胞膜、核膜，并使组织蛋白与 DNA 分离；而蛋白酶 K 可将蛋白质降解成小肽或氨基酸，使 DNA 分子完整地分离出来。然后用酚和氯仿/异戊醇抽提分离蛋白质，得到的 DNA 溶液经异丙醇或乙醇沉淀，使 DNA 从溶液中析出。在提取过程中，染色体会发生机械断裂，产生大小不同的片段。因此分离基因组 DNA 时尽量在温和的条件下操作，如尽量减少酚/氯仿抽提、混匀过程要轻缓，以保证得到较长的 DNA。

【实验材料及仪器】

1. 材料

根据实验目的和条件选择所需菌株。

2. 试剂与溶液

试剂：十二烷基磺酸钠（SDS），三羟甲基氨基甲烷（Tris），乙二胺四乙酸（EDTA），十六烷基三甲基溴化铵（CTAB），NaCl，溴酚蓝，蔗糖，蛋白酶 K，氯仿，苯酚，异戊醇，异丙醇，乙醇，DNA 标记物。

TE 缓冲液：10mmol/L Tris-HCl，1mmol/L EDTA，pH8.0。

CTAB/NaCl 溶液：10% CTAB，0.7mol/L NaCl。

Tris-乙酸（TAE）缓冲液（50×）：2mol/L Tris-HCl，1mol/L 乙酸，100mmol/L EDTA，pH8.0。

琼脂糖凝胶加样缓冲液：0.25%溴酚蓝，40%蔗糖。

3. 器皿与仪器

低温冷冻离心机，移液器，水浴锅，生化培养箱，恒温摇床，超净工作台，电子天平，高压灭菌锅，pH 计，恒温电热水浴锅，垂直板电泳槽，电泳仪，凝胶成像系统，制冰机。

【实验步骤】

1. 基因组 DNA 的提取

（1）在 1.5mL 的离心管中加入 1mL 培养好的新鲜菌液，12000r/min 离心 2min，去上清收集菌体。

（2）加入 TE 缓冲液 0.1mL，充分振荡悬浮（革兰氏阳性菌加入终浓度 2mg/mL 溶菌酶，37℃水浴 1h），加入 90μL 10%的 SDS 和 20mg/mL 的蛋白酶 K 10μL 混匀，37℃水浴 1h。

（3）加入 5mol/L 的 NaCl 60μL，再加入 50μL 的 CTAB/NaCl 液，混匀，65℃水浴 15min。再加入等体积的氯仿/异戊醇（体积比 24∶1）混合液，混匀，12000r/min 离心 5min，上清液用等体积的酚/氯仿/异戊醇（体积比 25∶24∶1），混匀，12000r/min 离心 5min。

（4）上清液中加入 0.6 体积的异丙醇，混匀后，室温下静置 10min，12000r/min 离心 10min，弃上清。

（5）加入 70%乙醇洗涤沉淀两次，干燥后溶于 50μL TE 缓冲液，取 5μL 进行琼脂糖凝胶电泳检测。

注：DNA 样品中含有大量的 RNA，可加入 1~5μL（1mg/mL）RNase 进行消化反应以除去 RNA，或者直接将 RNase 加入裂解缓冲液中，终浓度为 20μg/mL。

备用方法：可采用细菌基因组 DNA 提取试剂盒提取细菌基因组 DNA。

2. 琼脂糖凝胶电泳检测

（1）取洁净的电泳槽、制胶槽和梳子，乙醇棉球擦洗，晾干。

（2）称取 0.5g 琼脂糖于专用锥形瓶中，加入 50×TAE 电泳缓冲液 1mL，加入纯净水至 50mL，电炉上加热熔化至完全熔解为无颗粒的琼脂糖凝胶液。

（3）冷却至 60~65℃，根据使用说明加入核酸染料，摇匀，轻轻倒入制胶槽中，避免产生气泡。

（4）待凝固（约 30~50min）后，将制胶槽置于电泳槽中，根据电泳槽的大小加入适量的 1×TAE 电泳缓冲液，以完全浸没凝胶面 0.2cm 左右为宜。

（5）DNA marker 按使用说明书进样，一般样品槽的容量为 15~25μL，这里加 5μL。

（6）对待检测的电泳样品，取前面实验中提取的基因组 DNA 加入 2~3μL 的进样缓冲液，混匀后，用微量取液器按 5μL 进样。

（7）电泳：接通电泳仪和电泳槽的电源（注意进样孔应在负极），将电流控制在 20~30mA，样品进入凝胶后，电压控制在 50~60V。当溴酚蓝染料移动到与进样段相对的另一端约 1~2cm 处，停止电泳。

（8）观察照相：采用凝胶成像系统观察电泳结果，拍照记录。

【实验结果与分析】

1. 给出基因组 DNA 提取产物的琼脂糖凝胶电泳实验图片及说明。

2. 根据凝胶成像系统观察的现象，对基因组 DNA 提取结果进行分析。

【思考题】

1. 琼脂糖凝胶电泳出现片状拖带或涂抹带的原因及对策是什么？

2. 如何检测 DNA 纯度？

实验 10.2 目的基因 PCR 扩增、检测和纯化

【实验目的】

1. 了解 PCR 反应的整个过程，掌握其基本原理。
2. 掌握基因 PCR 产物检测和纯化的方法。
3. 获得目的基因用于克隆。

【实验原理】

PCR 技术又称聚合酶链反应技术，是一种在体外扩增核酸的技术。该技术模拟体内天然 DNA 的复制过程。其基本原理是在模板、引物、4 种 dNTP 和耐热 DNA 聚合酶存在的条件下，特异扩增位于两段已知序列之间的 DNA 区段的酶促合成反应。每一循环包括高温变性、低温退火和中温延伸三步反应。每一循环的产物作为下一个循环的模板，如此循环 30 次，介于两个引物之间的新生 DNA 片段理论上达到 2^{30} 拷贝（约为 10^9 个分子）。PCR 技术的特异性取决于引物与模板结合的特异性。

【实验材料及仪器】

1. 材料

细菌基因组 DNA，目的基因上下游引物。

2. 试剂与溶液

试剂：Tris，EDTA，dNTPs，*Taq* DNA 聚合酶，*Taq* DNA 聚合酶缓冲液，$MgCl_2$（25mmol/L），dNTPs（2.5mmol/L），去离子水（灭菌），低熔点琼脂糖，氯仿，异戊醇，苯酚，NaAc，无水乙醇，琼脂糖凝胶 DNA 纯化回收试剂盒。

TE 缓冲液：10mmol/L Tris-HCl，1mmol/L EDTA，pH8.0。

3. 器皿与仪器

PCR 扩增仪，低温冷冻离心机，移液器，水浴锅，生化培养箱，恒温摇床，超净工作台，电子天平，高压灭菌锅，pH 计，恒温电热水浴锅，电泳槽，电泳仪，凝胶成像系统，制冰机。

【实验步骤】

1. 目的基因 PCR 扩增和检测

（1）PCR 反应体系组分

去离子水	15.2μL
PCR 缓冲液(10×)	2.5μL
dNTPs(2.5mmol/L)	2.5μL
$MgCl_2$(25mmol/L)	1.5μL
正向引物(10μmol/L)	1μL
反向引物(10μmol/L)	1μL
模板 DNA	1μL
Taq DNA 聚合酶(5U/μL)	0.3μL
总体积	25μL

轻轻混匀，6000r/min 短暂离心。

注：本反应体系细菌基因组 DNA 推荐使用量为 5～50ng。

（2）PCR 反应条件

预变性	94℃	5min
变性	94℃	40s
退火	55℃	40s
延伸	72℃	1min 3s
变性-延伸 30 次循环		
最后	72℃	5min

PCR 结束后，利用 1%琼脂糖凝胶电泳检测 PCR 产物（具体方法见实验 10.1）。

2. PCR 产物的回收与纯化

（1）采用低熔点琼脂糖凝胶进行电泳，电泳温度控制在低温，通常在 4℃ 的冰箱中操作。60～70V 电压电泳 0.5～1h 后，停止电泳，在紫外灯下用刀片切下含有所需 DNA 片段的凝胶带，放入 1.5mL 的离心管中，在室温放置到低熔点琼脂糖融解成为液态即可。

（2）加入 2～3 倍于胶条体积的 TE 缓冲液，65℃水浴至充分溶胶。

（3）待上一步溶胶的溶液冷却至室温，加入等体积的酚-氯仿，混匀后 12000r/min 离心 5min。

（4）吸取上清液，加入等体积氯仿-异戊醇，混匀后，12000r/min 离心 10min。

（5）吸取上清液，转移至另一新的离心管中。

（6）加入 1/10 体积的 3mol/L NaAc，加入 2 倍体积的无水乙醇（4℃），混匀后室温放置 10min，12000r/min 离心 15min，沉淀即待回收的目的 DNA。

（7）用 75%乙醇洗涤沉淀，12000r/min 离心 2min，上清液于空气中干燥 5min。

（8）根据需要加入 10～20μL TE 缓冲液，溶解备用。

（9）利用 1%琼脂糖凝胶电泳检测 PCR 产物的回收和纯化情况（具体方法见实验 10.1）。

备用方法：可采用琼脂糖凝胶 DNA 纯化试剂盒对 PCR 产物进行回收和纯化。

【实验结果与分析】

1. 给出 PCR 产物和纯化结果的琼脂糖凝胶电泳实验图片及说明。

2. 根据琼脂糖凝胶电泳实验结果，对 PCR 扩增进行分析。

3. 根据琼脂糖凝胶电泳实验结果，分析 PCR 产物回收和纯化情况。

【思考题】

1. 延长变性时间对反应有何影响？

2. 出现非特异性扩增带（假阳性）的原因及解决方法有哪些？

实验 10.3 质粒 DNA 的提取及检测

【实验目的】

1. 了解质粒 pET28a 的基本性质和特征。
2. 学习并掌握最常用的碱裂解法小量制备质粒 DNA 的方法。
3. 提取质粒 pET28a 用于构建重组子。

【实验原理】

本实验中采用碱裂解法提取质粒，根据共价闭合环状质粒 DNA 与线性 DNA 在拓扑学上的差异来分离。在 pH12.0～12.5 这个狭窄的范围内，线性 DNA 双螺旋结构解开而变性。尽管在这样的条件下共价闭合环状质粒 DNA 也会变性，但两条互补链彼此互相盘绕，仍会紧密结合在一起。当加入 pH4.8 的乙酸钾高盐缓冲液使 pH 恢复至中性时，共价闭合环状质粒 DNA 复性快，而线性的染色体 DNA 复性缓慢，经过离心与蛋白质和大分子 RNA 等发生共沉淀而被去除。

【实验材料与仪器】

1. 材料

菌种：*E. coli* DH5α（pET28a）。

2. 试剂与溶液

试剂：葡萄糖，Tris，浓盐酸，EDTA，NaOH，SDS，乙酸钾（KAc），冰醋酸，无水乙醇，苯酚，氯仿，异戊醇，胰蛋白胨，酵母提取物，NaCl，卡那霉素，RNase，质粒提取试剂盒。

溶液 I：50mmol/L 葡萄糖，25mmol/L Tris-HCl，10mmol/L EDTA，pH8.0。

溶液 II：0.2mol/L NaOH，1%SDS（使用时新鲜配制）。

溶液 III：5mol/L KAc 60mL，加冰醋酸调 pH 至 4.8，定容至 100mL。

TE 缓冲液：10mmol/L Tris-HCl，1mmol/L EDTA，pH8.0。

3. 器皿与仪器

超净工作台，接种环，酒精灯，台式离心机，旋涡混合器，微量移液器，1.5mL 微量离心管，恒温摇床，电泳仪，凝胶成像系统，试管，双面微量离心管架，试管架，标签纸，磁力搅拌机。

【实验步骤】

1. 细菌培养：挑取单菌落接种于预配的 25mL 含卡那霉素（30μg/mL）的 LB 液体培养基中，37℃摇床 200r/min 培养 12h。取液体培养基的菌液 1.5mL 加入离心管中，12000r/min 离心 5min，弃上清液。

2. 沉淀用 1.0mL TE 缓冲液洗涤 2 次，收集菌体沉淀，加入 100μL 溶液 I，充分摇匀，室温下放置 10min，再加入 200μL 新配制的溶液 II，加盖后，轻微颠倒 2～3 次使之混匀，冰上放置 5min。

3. 加入 150μL 预冷的溶液 III，盖紧管口，颠倒数次后使之混匀，冰浴 15min。

4. 4℃下，12000r/min 离心 5min，将上清液转至另一新的离心管中，冰浴放置 15min 使之完全沉淀。

5. 向上清液中加入与上清液等体积的酚-氯仿，振荡混匀，12000r/min 离心 2min，吸上清液至另一离心管中。

6. 向上清液中加入 2 倍体积的无水乙醇，混匀后，室温下放置 5min，于 4℃下 12000r/min 离心 5min，弃上清液。

7. 加入 70％的乙醇 1mL 重溶质粒 DNA 沉淀，振荡混匀，放置 2min，于 4℃下 12000r/min 离心 5min，弃上清液，于空气中干燥 5min 后备用。

8. 向管中加入 50μL 含有 25μg/mL 的 RNase 的 TE 缓冲液，轻轻振荡 DNA 溶解，65℃保温 30min，去除 RNA。

9. 琼脂糖凝胶电泳检测提取的质粒 DNA（具体方法见实验 10.1），质粒 DNA 置于 −20℃保存备用。

备用方法：采用质粒提取试剂盒提取质粒 DNA。

【实验结果与分析】

1. 给出质粒提取产物的琼脂糖凝胶电泳实验图片及说明。

2. 根据琼脂糖凝胶电泳结果，对质粒 DNA 的提取情况进行分析。

【思考题】

1. 影响本实验结果的主要因素有哪些？

2. 如何将质粒 DNA 和基因组 DNA 分开？

实验 10.4　重组质粒的构建

【实验目的】

1. 学习并掌握载体和目的基因连接的基本方法。

2. 获得重组质粒。

【实验原理】

将实验 10.3 得到的 PCR 产物和 pET28a 质粒 DNA 进行双酶切，并进行回收，通过相同限制酶产生的黏性末端互补作用及 T4 DNA 连接酶进行连接，构建重组质粒。

【实验材料及仪器】

1. 材料

pET28a 质粒，目的基因。

2. 试剂与溶液

试剂：Tris，EDTA，限制性核酸内切酶Ⅰ，限制性核酸内切酶Ⅱ，3mol/L 乙酸钠（NaAc），T4 DNA 连接酶，T4 DNA 连接酶缓冲液，无水乙醇，超纯水。

TE 缓冲液：10mmol/L Tris·HCl，1mmol/L EDTA，pH8.0。

3. 器皿与仪器

低温冷冻离心机，移液器，水浴锅，生化培养箱，恒温摇床，超净工作台，电子天平，高压灭菌锅，pH 计，恒温电热水浴锅，垂直板电泳槽，电泳仪，凝胶成像系统，制冰机。

【实验步骤】

1. 双酶切反应及其产物的纯化和检测

（1）双酶切反应体系如下：

缓冲液（10×）	2μL
DNA	10μL（≤1μg）
灭菌超纯水	6μL
限制性核酸内切酶Ⅰ	1μL
限制性核酸内切酶Ⅱ	1μL
总体积	20μL

（2）体系混合后，置 37℃水浴中酶切反应 1～3h。

（3）双酶切反应后，琼脂糖凝胶电泳检测（具体方法见实验 10.1），用试剂盒回收纯化产物并检测。

注意事项：

① 尽量选择酶切效率高的限制性核酸内切酶。

② 反应体系和条件参照限制性核酸内切酶的产品使用说明。

③ 如果两种酶的缓冲液成分相差较大或反应温度不同，则必须分别酶切，第一次酶切终止后，电泳检测酶切完全，从胶中回收 DNA 再进行第二次酶切。

2. 载体和目的基因的连接

（1）连接反应体系如下：

目的基因	$10\mu L$
载体（pET28a）DNA 片段	$6\mu L$
T4 DNA 连接酶	$2\mu L$
缓冲液（10×）	$2\mu L$
总体积	$20\mu L$

（2）先加入目的基因和载体 DNA 片段，45℃下温浴 5min 后，立即置于冰上冷却。

（3）再加入 T4 DNA 连接酶、缓冲液（10×）构成连接反应混合液，将此混合液16℃水浴过夜。

（4）连接产物用于转化感受态细胞。

备选方法：也可以采用无缝克隆试剂盒进行无缝克隆。

【实验结果与分析】

1. 给出双酶切产物和纯化产物检测的琼脂糖凝胶电泳检测图片及说明。

2. 根据回收和纯化后的双酶切产物的电泳检测结果，对双酶切反应进行分析。

【思考题】

1. 怎样判断双酶切后是否成功获得了目的片段？

2. 试总结出实验成功的关键步骤。

实验 10.5 感受态细胞的制备和转化

【实验目的】

1. 学习并掌握感受态细胞制备的方法。

2. 理解转化的基本原理，掌握转化的操作步骤。

3. 获得成功转化重组质粒的工程菌。

【实验原理】

转化作用是指在一定条件下，一种特定的 DNA 分子（供体或称转化因子）转入到一定的细菌体内（受体菌），使其发生遗传性状改变的过程。

在正常生长条件下，少数细菌可发生转化作用，但大多数细菌并不发生转化，只有在一定条件作用下（如用 Ca^{2+} 处理细菌细胞或电刺激），细菌呈现感受状态后，外源 DNA 才能转化进入受体菌内。因此，若想将外源 DNA 分子转化进入一定的受体菌内，通常需将受体菌先制备成易感受状态。

感受态通常指的是细菌具备吸收转化因子的一种生理状态。产生感受态细胞的理论机制目前除有一些假说外，并无统一的结论。一般说来，细菌细胞在对数生长的早中期，经处理后，有一定的转化能力，但在它们进入静止生长期以后，就逐渐丧失。因此进行细菌细胞转化时，掌握合适的细菌培养时机是很重要的。

重组子转化入 DH5α 保存和扩增，提取大量质粒（重组质粒）再转化入 BL21 进行高效表达。

【实验材料及仪器】

1. 材料

E. coli DH5α，*E. coli* BL21，重组质粒。

2. 试剂与培养基

试剂：$CaCl_2$，蛋白胨，酵母提取物，NaCl，琼脂粉。

LB 液体培养基：10g/L 蛋白胨，5g/L 酵母提取物，10g/L NaCl，pH7.0。

LB 固体培养基：向 LB 液体培养基中加入 1.8% 的琼脂粉，121℃ 高压灭菌 20min，冷却加入适量抗生素，向每个平板中倒入 15～20mL LB 固体培养基，凝固后倒置，4℃ 保存。

3. 器皿与仪器

超净工作台，恒温摇床，台式高速离心机，恒温培养箱，分光光度计，高压灭菌锅，离心管，试管，微量移液枪，培养皿，灭菌离心管，移液管，涂布棒。

【实验步骤】

1. 制备感受态细胞

（1）平板上挑取单菌落，接种于 100mL LB 培养基中，37℃ 180r/min 振荡培养 12h 左右，直至对数生长期，即 $OD_{600nm}=0.4\sim0.5$ 时，停止培养。

（2）防止杂菌和杂 DNA 的污染，无菌条件下，将培养物转入一个无菌、冰预冷的离心管中，冰上放置 10min，使培养物冷却至 0℃，于 4℃下 4100r/min 离心 10min 收集细胞。

（3）倒出培养液，将管倒置 1min 以使残留液流尽。用 30mL 预冷的 0.1mol/L CaCl$_2$ 溶液重悬浮细胞。

（4）4℃以 4100r/min 离心 10min，回收细胞。倒出培养液，将管倒置 1min 后使残留液流尽。

（5）用 2mL 冰预冷的 0.1mol/L CaCl$_2$ 重悬每份细胞沉淀，即得到感受态细胞的悬浮液，感受态细胞的悬浮液可在冰上放置，24h 内直接用于转化，也可以加入占总体积 15% 的灭菌甘油，混匀后分装于离心管中保存于 -70℃下。

注意：整个操作过程都在无菌条件下进行，所有器皿，如离心管、tip 头都是刚灭菌的，并经高压灭菌处理，所有的试剂都要灭菌，防止被其他试剂、DNA 酶或杂 DNA 污染，否则均会影响转化效率或杂 DNA 的转入。

2. 转化

（1）用冷却的无菌枪头从制备的感受态细胞悬浮液中吸取 100μL 转移到无菌离心管中，每管中加入 DNA 后，轻轻旋转以混匀内容物，冰浴 30min。

（2）将管放入 42℃的循环水浴锅中加温，不要摇动管，放置 90s。

（3）将管快速转移至冰浴中冷却 1～2min。

（4）上述各管中每管加入 800μL 预热的 LB 培养基，摇匀后放入 37℃ 150r/min 摇床上培养 45～60min。使细菌复苏并表达出质粒编码的抗生素抗性因子。

（5）将适当体积（0.1～0.2mL）转化后的感受态细胞转移至含卡那霉素的培养基和不含卡那霉素的培养基上，并用玻璃棒涂平。将平板置于室温至液体完全被培养基吸收后，倒置平板，37℃恒温培养箱中培养，12～16h 后出现菌落。

需做对照实验：

① 取 200μL 摇匀的感受态细胞悬浮液，将 20μL 连接反应液加入其中，轻轻摇匀，勿吹打。

② 阴性对照：完全不加质粒 DNA 的感受态细胞，200μL 的感受态细胞中加入 20μL 重蒸馏水。

③ 阳性对照：200μL 0.1mol/L CaCl$_2$ 溶液中加入 20μL 重组质粒溶液。

3. 阳性重组子的检测

挑选初步鉴定后的重组质粒载体，用双酶切实验来鉴定，如果它是重组质粒载体，则琼脂糖凝胶电泳后应有两条带，一条带与目的基因大小一样，另一条带与 pET28a 质粒大小一样（具体方法见实验 10.1 和实验 10.4）。

【实验结果与分析】

1. 观察转化后菌落培养实验过程中的现象，并拍照记录。

2. 根据电泳检测结果对重组子转化实验进行分析。

【思考题】

1. 在用氨苄青霉素作为抗生素筛选转化子时，一般 37℃培养时间不超过 20h，为什么?

2. 氯化钙转化与电转化相比有哪些优点和缺点?

3. 通过直接电泳法检测阳性重组子的实验结果是否一定准确可靠?为什么?

实验 10.6　原核生物总 RNA 提取与逆转录——聚合酶链反应

【实验目的】

1. 学习并掌握 Trizol 法提取细菌总 RNA 的基本原理和操作步骤。
2. 学习并掌握反转录的基本原理和实验方法。
3. 制备实时荧光定量 PCR 等所需实验材料，在转录水平对基因表达进行分析。

【实验原理】

本实验采用 Trizol 溶液提取细菌的总 RNA，Trizol 主要物质是苯酚和异硫氰酸胍，可以破坏细胞使 RNA 释放出来，同时，Trizol 中还加入了 8-羟基喹啉、β-巯基乙醇等来抑制内源和外源 RNase，保护 RNA 的完整性。加入氯仿后离心，样品分成水样层和有机层，RNA 存在于水样层中。收集上面的水样层后，RNA 可以通过异丙醇沉淀来还原。Trizol 抽提的总 RNA 能够避免 DNA 和蛋白的污染。以提取的 RNA 作为模板，采用随机引物利用逆转录酶反转录成 cDNA，再以 cDNA 为模板进行 PCR 扩增。

【实验材料及仪器】

1. 材料

大肠杆菌等原核生物细胞。

2. 试剂与溶液

Trizol 试剂，三氯甲烷（4℃预冷），异丙醇（4℃预冷），焦碳酸二乙酯（diethylpyrocarbonate，DEPC），75% 乙醇（DEPC 处理水配制，4℃预冷），DEPC 处理水或无 RNase 水，随机引物，RNase 抑制剂，逆转录酶，逆转录酶缓冲液，dNTPs，Taq DNA 聚合酶。

3. 器皿与仪器

超净工作台，冷冻离心机，1.5mL 无 RNase 离心管，200μL 无 RNase PCR 管，移液器，紫外分光光度计，石英比色皿，电泳槽和模具，电泳仪，PCR 仪，凝胶成像系统。

【实验步骤】

1. 总 RNA 提取

（1）挑取单菌落培养至稳定期，取菌液 3mL 12000r/min 离心 3min，收集菌体于 1.5mL 离心管。

（2）每管加入 1mL Trizol 溶液，盖紧管盖，激烈振荡 15s，室温静置 5min，4℃ 12000r/min 离心 10min，取上清液转入新的 1.5mL 离心管中。

（3）每管加入 0.2mL 的氯仿（0.2 体积 Trizol），盖紧盖，剧烈振荡 15s，室温静置 3min，4℃ 12000r/min 离心 10min。

（4）小心吸取上层水相，转入另一新的 1.5mL 离心管，测量其体积；加入等体积的氯仿，盖紧盖，剧烈振荡 15s，室温静置 3min，4℃ 12000r/min 离心 10min。

（5）小心吸取上层水相，转入另一已编号新的 1.5mL 离心管，加入 0.5mL 的异丙醇（0.5 体积 Trizol），轻轻颠倒混匀，室温静置 10min，4℃ 12000r/min 离心 10min，RNA

沉于管底。

（6）小心去除上清液，加 1mL 75%的乙醇（预冷），并轻柔颠倒，洗涤沉淀后，4℃ 7500r/min 离心 5min，小心弃上清液，吸去剩余乙醇，室温干燥 10min。

（7）各管用 50μL DEPC 处理水溶解，55～60℃ 温育 5min，分装后−70℃ 贮存。

2. 逆转录-cDNA 的合成

（1）在离心管（冰浴）中加入模板 RNA 4μL，引物 2μL，去离子水 6μL，轻弹管底将溶液混合，6000r/min 短暂离心。

（2）70℃ 水浴 5min，冰浴 30s 使引物和模板正确配对。

（3）加入 5× 逆转录缓冲液 4μL，RNase 抑制剂 1μL，dNTP（10mmol/L）2μL（这些应该先配好，然后再分装到每一管），混匀。

（4）37℃ 水浴 5min，加入 1μL 逆转录酶，混匀后置 37℃ 水浴 60min 进行逆转录。

（5）70℃ 加热 10min 终止反应，得到逆转录终溶液即为 cDNA 溶液，可以直接用于 PCR 反应或保存于−70℃ 备用。

3. PCR 扩增

（1）PCR 反应体系

去离子水	15.2μL
PCR 缓冲液（10×）	2.5μL
dNTPs（2.5mmol/L）	2.5μL
$MgCl_2$（25mmol/L）	1.5μL
上游引物（10μmol/L）	1μL
下游引物（10μmol/L）	1μL
第一链 cDNA	1μL
Taq 酶（5U/μL）	0.3μL
总体积	25μL

轻轻混匀，6000r/min 短暂离心。

（2）设定 PCR 程序，在适当的温度参数下扩增 28～32 个循环。

（3）电泳鉴定：进行琼脂糖凝胶电泳，紫外灯下观察结果。

注意事项：

（1）RNA 提取时要在专门的 RNA 操作区进行，离心管及吸头等都要用 0.1% DEPC 水处理。

（2）一般 RNA 电泳检测应做甲醛变性电泳，若采用普通琼脂糖电泳，上样量需要略加大，且尽量缩短电泳的时间（以减少外界 RNase 对 RNA 的降解），跑完电泳立刻观察。

（3）由于 Trizol 含有苯酚等毒性物质，DEPC 可能致癌，且为了防止 RNase 污染，整个操作过程中必须戴一次性手套及口罩，并小心操作。

【实验结果与分析】

1. 给出样品检测的琼脂糖凝胶电泳实验图片并进行说明。

2. 根据电泳检测结果对 RNA 提取及 RT-PCR 制备的 cDNA 进行分析。

【思考题】

1. 防止 RNase 污染的主要措施有哪些？

2. 对 PCR 扩增产物进行电泳检测时，泳道中出现模糊条带的可能原因是什么？如何应对？

第 11 章　发酵工程实验

实验 11.1　实验室常用发酵罐的基本结构与功能

【实验目的】

1. 了解实验室常用发酵罐的类型、基本结构。
2. 熟悉和掌握发酵罐对各种发酵参数控制的工作原理。
3. 掌握使用发酵罐的基本操作规程。

【实验原理】

对于工业好氧发酵过程，使用最多的发酵罐为机械搅拌式通风发酵罐。其原理是利用机械搅拌器的作用，使空气和发酵液充分混合，促进氧在发酵液中溶解与传递，以保证供给微生物生长繁殖与代谢所需要的氧。生物工程实验室在模拟工业发酵罐以及进行发酵科研实验过程中，一般采用小型化的全自动机械搅拌式通风发酵罐。这一方面，能很好地在教学中模拟工业生产的发酵罐的工作原理与操作方法；另一方面，全自动的控制模式便于进行发酵研究的调控。

通常，一套自动化发酵系统包含三个部分：发酵罐及各种传感器、控制系统及人机操作界面。图 11.1 是一套典型的小型全自动机械搅拌式通风发酵罐（由 Sartorius BBI Systems公司生产，型号 BIOSTAT® A plus）。

图 11.1　小型全自动机械搅拌式通风发酵罐

发酵罐是密闭式受压设备，主要部件包括罐体、搅拌器、轴封、空气分布器、取样管、各种传感器。实验室的小型发酵罐，罐体一般为高硼玻璃罐，可以耐受高压蒸汽灭菌。罐体上部由法兰与不锈钢罐顶连接密封。所有管路、传感器通过顶部连接。实验室发酵罐所安装的传感器有温度传感器（热电偶）、pH电极、溶氧电极以及泡沫电极。发酵罐的搅拌由罐顶的电机通过搅拌轴带动罐内涡轮搅拌桨提供。所用电机为无级变速电机，可精确控制其转速。发酵罐内的溶解氧主要通过两方面控制，一方面是通气量，另一方面是搅拌桨的搅拌转速。通气量由控制主机上的气体流量计（转子流量计）控制。通常溶氧可设置为与搅拌转速关联。当溶氧电极检测到的溶解氧低于设定值时，控制系统自动调高搅拌桨转速，以增加氧的传递速率，以实现溶氧增大调控。当溶氧电极检测到的溶氧高于设定值时，控制系统将自动降低搅拌桨转速。但当发酵工艺不是很清楚时，一般不建议设置溶氧与搅拌转速联动控制，以免溶氧过低时自动调节为过高的搅拌转速产生过大的剪切力，致使细胞被剪切破碎。

对于好氧发酵过程来说，氧的供给是非常关键的。由于大部分发酵过程为纯培养技术，故要求洁净的无菌空气。在工业生产过程中，发酵工厂通常建有一套完善的空气压缩与过滤系统。而发酵实验室，由于所需空气量少，常用简单的压缩系统代替。通常组成部分为：带空气储罐的小型无润滑油空气压缩机、空气油水分离器、高效空气膜过滤器（0.25μm孔径）。

对于发酵罐温度，可通过罐内的冷却器以及电加热夹套实现控制。利用温度传感器检测发酵液温度，通过自动控制系统判断，分别开启冷却水或启动电加热套实现温度的准确控制。该控制过程一般采用PID（比例、积分、微分控制）控制策略，可使温度控制在±1℃。发酵液的pH调控通过加酸或加碱实现。由罐内pH电极实时在线检测发酵液的酸碱度，当酸碱度低于发酵设定的pH值时，系统自动启动碱液流加泵，添加碱液以调高发酵液的pH值。反之，当pH值高于设定值时，系统启动酸液流加泵，添加酸液以调低发酵液的pH值。当需要中途补料时，也可以通过酸碱液流加泵，向发酵罐中补加相应的营养成分。

【实验步骤】

1. 对照实物讲解实验室通风机械搅拌式发酵罐的结构以及各部件的作用。
2. 介绍发酵罐的各种自动控制原理与工作情况。
3. 学习与操作发酵罐控制系统。
4. 学习与练习发酵罐pH电极、溶氧电极校准方法。
5. 现场模拟发酵罐各工艺条件控制操作。

【实验报告要求】

1. 绘制通风机械搅拌式发酵罐的结构。
2. 讨论发酵过程中发酵罐对溶解氧、pH值、温度参数自动控制的原理及操作过程。

【思考题】

1. 实验用发酵罐使用什么形式的搅拌器？为什么需要多组搅拌桨？
2. 发酵罐系统可以测定哪些参数，对哪些参数可实现自动控制？
3. 为什么在发酵罐尾气出口安装一个冷却器？

实验 11.2 发酵液中生物量的测定

【实验目的】

1. 复习操作显微镜观察微生物细胞。
2. 掌握酵母菌的显微直接计数法。
3. 掌握浊度法与细胞干重法测定菌体浓度。
4. 复习菌体离心分离。

【实验原理】

发酵过程中细胞生物量的检测是监控发酵过程的基本参数之一。目前测定微生物数量的方法有直接法和间接法。直接法包括血细胞计数板法、涂片染色法、比浊法等；间接法又包括平皿菌落计数法、液体稀释法、薄膜过滤计数法等。测定细胞质量的方法有定氮法、DNA法、细胞干重法、细胞湿重法、生理指标测定法等。通常直接法简单快速，节约时间，也是发酵过程监测常用的方法。

本实验以酵母作为实验材料，采用了干/湿重法、血细胞计数板法直接计数、比浊法检测细胞生物量。

【实验材料及仪器】

1. 材料

试剂：葡萄糖，酵母抽提物，胰蛋白胨，纯水。

培养基：酵母抽提物蛋白胨葡萄糖培养基（yeast extract peptone dextrose medium，YPD）（作为发酵培养基），其组成为：葡萄糖20.0g，酵母抽提物5.0g，胰蛋白胨10.0g，加水至1000mL，pH7.0。配制好的培养基在121℃灭菌20min。为了避免高温灭菌时培养基各成分间的反应如美拉德反应，建议把葡萄糖单独灭菌。

所需器皿材料：锥形瓶（250mL），量筒（100mL、500mL），烧杯（10mL、500mL），血细胞计数板，洗瓶，移液器吸头，比色皿，平皿，滴管。

菌种：酿酒酵母 *Saccharomyces cerevisiae*。

2. 仪器与设备

恒温培养摇床，普通离心机，超净工作台，恒温培养箱，高压蒸汽灭菌锅，光学显微镜，分光光度计，烘箱。

【实验步骤】

1. 培养基的配制

按照YPD培养基组成，分别称取相应量的酵母抽提物、胰蛋白胨，加入500mL烧杯中，加纯水200mL，充分搅拌使其溶解，装入500mL锥形瓶，多层纱布包扎灭菌。另称取相应量的葡萄糖加纯水50mL，加入250mL锥形瓶，多层纱布包扎单独灭菌。同时灭菌100mL的量筒以及250mL的锥形瓶。灭菌后的培养基按照组成，利用灭菌后的量筒在无菌操作台中分装到250mL锥形瓶中（每个锥形瓶25mL培养基）。

2. 酵母细胞的培养

将在培养皿中活化的酵母菌种接种至 YPD 培养基中，每瓶接一环，共 10 瓶，30℃ 250r/min 摇瓶培养 48h。培养物作为生物量检测的生物材料。

3. 酵母细胞显微计数法

洗净血细胞计数板后将盖玻片盖在计数室上，用细口滴管将其中一个稀释度的菌液来回吹吸数次，使菌液充分混匀后立即吸取少量菌液加在盖玻片的边缘上，让菌液由盖玻片与计数板的缝隙间渗入计数室（计数室内不能有气泡）。轻压盖玻片，以免因菌液过多而将盖玻片顶起，从而改变了计数室的容积。

静置片刻，待菌体自然沉降稳定后，先用低倍镜寻找计数室的位置（视野宜调暗些），找到后将它移到视野中央，再换高倍镜观察和计数。计数完毕，洗净计数板。每个稀释度计数一次。

计数原则：为了减小误差，常取 4 个角上的 4 个中方格和中央的 1 个中方格计数，取其平均值。另外，计上不计下，计左不计右，计数务必要有一定路径。

4. 浊度法与细胞干重法

利用分光光度计在 560nm 处测量培养液的 OD 值（分光光度计的有效测量范围为 0.1～0.85）。测量时以离心培养液收集菌体后的上清液（或者 YPD 培养基）为参比。

将培养液分装至 20mL 离心管中 10000r/min 离心 6min，弃去上清液，收集菌体。再用无菌水重悬菌体，离心并弃去上清液收集菌体。重复两次，以除去残留培养液。合并收集的沉淀，准确称取其总质量，计算单位培养液的湿菌体浓度。称取一定量的菌体如 0.5g 左右，用无菌水按一定比例稀释为 6 个稀释度，于 560nm 处测量 OD 值（分光光度计的有效测量范围为 0.1～0.85）。同时准确称取一定量湿菌体如 0.5g 于玻璃皿中，放入烘箱，利用 120℃干燥至恒重，准确称取其干重。利用干重与湿重的关系，计算出菌体 OD 值与干重的标准曲线。进而计算出培养液菌体以干重计的生物量。

【实验结果】

实验需要记录的数据如下：

（1）记录培养液血细胞计数板计数，并换算为细胞数/mL。

（2）记录培养液 OD_{560nm}，收集的湿菌体总质量。

（3）绘制酵母细胞 OD_{560nm}-细胞干重标准曲线，计算培养液以干重计的生物量。

【思考题】

1. 各种生物量检测方法的优缺点是什么？

2. 使用分光光度计检测时如何选择合适的参比溶液？

3. 为什么用湿菌体衡量生物量容易产生较大的误差？

实验 11.3　发酵培养基的制备及发酵罐灭菌

【实验目的】

1. 了解培养基的成分、类型及特点。
2. 掌握发酵培养基的制备方法。
3. 学会玻璃仪器的洗涤和灭菌前的准备工作。
4. 学习与掌握培养基及发酵罐的灭菌原理与操作。

【实验原理】

培养基是发酵过程的基础条件。人工配制的培养基为微生物细胞生长与代谢提供营养，也为微生物生长代谢提供条件，同时也是微生物合成发酵产物的原料。一个完整的培养基配方应包含碳源、氮源、生长素、无机盐和微量元素。但它们的配制必须遵循一定原则，如：①营养物质应满足微生物的生长代谢与产物合成需要；②营养物的浓度及配比应恰当；③培养基物理、化学条件适宜；④培养基设计还需要考虑有利于发酵产物的代谢积累；⑤在设计培养基，尤其是大规模发酵生产用的培养基时，还应该考虑培养基组分的来源和价格。

配制好的培养基应在 24h 之内完成灭菌工作，以免造成杂菌大量繁殖。灭菌方法有：高温高压灭菌、过滤除菌、射线除菌等。培养基常采取高压灭菌的方法，一般是在 121℃温度下灭菌，灭菌时间应根据培养基与发酵罐的体积确定。灭菌操作应确保培养基杂菌灭菌彻底。

一般情况下，小型台式玻璃发酵罐常置于高压灭菌器中利用高压蒸汽进行灭菌。而不锈钢发酵罐的灭菌，一般采用电加热原位灭菌或夹套层蒸汽加热灭菌的方式进行。不论何种灭菌方法，均使反应器内培养液及发酵罐相关的附件升至 121℃保温 30min，以达到灭菌的效果。灭菌后的培养基冷却至培养温度之前，一般应通入无菌空气以保持正压，避免发酵罐内由于蒸汽冷凝形成负压吸入外界空气而染菌。如果是利用高压灭菌锅灭菌，则需在发酵罐气体进出口安装空气过滤器，避免降温过程中由于水蒸气冷凝形成负压而带入杂菌。同时需要把取样管、补料管等管路包扎严密。

【实验材料及仪器】

1. 材料

试剂：葡萄糖，酵母抽提物，胰蛋白胨，无水乙醇，发酵用消泡剂（泡敌），Hamilton® DURACAL pH 标准缓冲液（用于校准 pH 电极）。

器皿：锥形瓶（250mL），量筒（2000mL），烧杯（10mL、2000mL），洗瓶，空气除菌过滤器（Sartorius® Midisart 2000，孔径 0.2μm），移液器吸头，压缩气体管路。

培养基：酵母膏胨葡萄糖培养基（YPD）的组成为葡萄糖 20.0g，酵母抽提物 5.0g，胰蛋白胨 10.0g，加水至 1000mL，pH7.0。平板与斜面培养基为液体培养加入 15.0g 琼脂。配制好的培养基在 121℃灭菌 20min。为了避免高温灭菌时培养基各成分间的反应如美拉德反应，建议把葡萄糖单独灭菌。

菌种：酿酒酵母。

2. 仪器与设备

通气机械搅拌式玻璃发酵罐（BIOSTAT® A plus），75L 高压蒸汽灭菌器，空气压缩机（带气体油水分离器），空气稳压阀，氮气钢瓶及减压阀。

【实验步骤】

1. 培养基的配制

按照 YPD 培养基的组成，分别称取 15.0g 酵母抽提物、30.0g 胰蛋白胨，加入 2000mL 烧杯中加纯水 1500mL，充分搅拌使其溶解。从发酵罐物料入口倒入发酵罐中。再在发酵罐内补充纯水 1300mL，使其总体积达到 2800mL。同时向发酵罐内加入 1mL 消泡剂。另称取葡萄糖 60.0g，加纯水 200mL，加入 500mL 锥形瓶，多层纱布包扎单独灭菌。同时另外用试剂瓶或锥形瓶灭菌 20mL 消泡剂，以便后期需要时添加。同时灭菌一盒 1mL 的移液器吸头。

2. 发酵罐的灭菌

在进行发酵罐灭菌之前需要进行 pH 电极的校正，校正方法为两点校正法。使用 pH 标准缓冲液利用发酵罐的控制系统配备的 pH 电极校正程序进行校准。分别取 5mL 的 pH 标准缓冲液（pH6.86、pH4.01 或者 pH9.18）于 10mL 烧杯中。取出发酵罐的 pH 电极，利用洗瓶中的纯净水淋洗干净电极，放入 pH7.01 标准缓冲液烧杯中首先进行零点校准。拿出电极淋洗干净后，再放入 pH4.01 或者 pH9.21 标准缓冲液烧杯中进行斜率校准。

3. 发酵罐的灭菌

校正 pH 电极后，包扎好各管路接口。对于取样管路、补料管路等，均需密封严密，其端口再以牛皮纸包扎。对于气体进出口，分别安装空气除菌过滤器（孔径 $0.2\mu m$），注意气体流向与过滤器安装方向一致。再利用牛皮纸把过滤器包扎好。进气管路需要利用夹子加紧，以免加热时，内部压力过高使培养基从进气管流出，打湿空气过滤器。注意，出气管路不能堵死，以便灭菌升温时罐内气体排出，使发酵罐内外压力平衡。准备妥当后将发酵罐置于 75L 的高压蒸汽灭菌锅中，121℃灭菌 20min。

灭菌结束，待温度冷却到室温后，打开高压蒸汽灭菌器，取出发酵罐。注意高压蒸汽灭菌器的温度，以免烫伤。把发酵罐搬回操作台面，与控制主机相连接。电路连接主要包括：pH 电极电缆连接，溶氧电极电缆连接，搅拌电机安装以及电机电缆连接。还需要把冷却器以及废气排气口的冷凝器的冷却水管与主控制器的相应接口连接好。注意，这两个冷却器的接口不要接反，否则发酵罐温度没法控制。把发酵罐上进气管路中的过滤除菌器与主控制器的气体连接端口连接好。

启动发酵罐的控制电脑，打开其控制程序。在控制程序的控制面板上，设定发酵温度并设定温度控制，同时打开冷却水龙头。打开搅拌电机，并设定搅拌转速 250r/min。当发酵罐温度稳定在 30℃时，校正溶氧电极。溶氧电极的校正与 pH 电极类似，也采用两点法。通入 2L/min 流量的氮气，使溶解氧为零作为零点校准，再通入 2L/min 流量的空气，使溶解氧达到饱和作为溶氧 100％校准。至此，培养基与发酵罐灭菌完成，可以进行后续微生物接种与培养。

【实验结果】

实验需要记录的数据如下：

（1）观察实验过程，记录 pH 电极校准过程的仪表读数。

（2）记录灭菌过程的温度情况。

（3）记录溶氧电极校准过程的仪表读数。

【思考题】

1. 本实验采用何种方式灭菌？你所了解的反应器灭菌方式有哪几种？

2. 如何保证灭菌过程中发酵罐的内外压力平衡？

3. 如何校准发酵罐 pH 电极、溶氧电极？

实验 11.4 发酵种子制备及发酵罐接种

【实验目的】

1. 复习微生物无菌操作技术。
2. 练习微生物平板、摇瓶接种操作技术。
3. 学习与掌握发酵罐接种技术与操作。
4. 学习与掌握利用显微镜镜检方法检测发酵种子的质量。

【实验原理】

发酵生产过程的发酵体积少则几升，多则几百立方米，不可能直接用保藏的菌种作为种子接种到发酵罐。这就需要对菌种进行活化，制备种子，再接种到发酵罐。种子制备应根据菌种的生理特性，选择合适的培养条件来获得代谢旺盛、数量足够、质量优异的纯粹种子。这种优良的种子接入发酵罐后，将使发酵生产周期缩短，设备利用率提高。种子液质量的优劣对发酵生产起着关键性作用。

接种时，严格按照无菌操作进行，避免杂菌污染。对于小型发酵罐的接种，通常以火焰接种方式操作。接种之前，需用酒精对接种口清洁。再在接种口周围点燃酒精棉进行接种。接种过程中，发酵罐内通入适量的无菌空气，避免外界空气通过接种口进入发酵罐而染菌。接种后，进入培养阶段。在发酵罐的控制系统中设置合适的发酵温度、搅拌转速和空气流量等参数。

【实验材料及仪器】

1. 材料

试剂：葡萄糖，酵母抽提物，胰蛋白胨，纯水，琼脂，酒精。

培养基：酵母膏胨葡萄糖培养基（YPD）作为发酵培养基，其组成为：葡萄糖20.0g，酵母抽提物5.0g，胰蛋白胨10.0g，加水至1000mL，pH7.0。配制好的培养基在121℃灭菌20min。为了避免高温灭菌时培养基各成分间的反应如美拉德反应，建议把葡萄糖单独灭菌。

器皿：锥形瓶（250mL、500mL），量筒（100mL，500mL），烧杯（10mL、500mL），载玻片（含盖玻片），移液器吸头，比色皿，培养皿，酒精灯，接种环，玻璃滴管。

菌种：酿酒酵母。

2. 仪器与设备

恒温培养摇床，超净工作台，恒温培养箱，高压蒸汽灭菌锅，光学显微镜，分光光度计和发酵罐（BIOSTAT® A plus）。

【实验步骤】

1. 培养基的配制

按照YPD培养基的组成，分别称取相应量的酵母抽提物、胰蛋白胨，加入500mL烧杯中加纯水200mL，充分搅拌使其溶解，装入500mL锥形瓶，多层纱布包扎灭菌。另称取相应量的葡萄糖加纯水50mL，加入250mL锥形瓶，多层纱布包扎单独灭菌。同时灭菌 100mL 的量筒以及 250mL 的锥形瓶。灭菌后的培养基按照组成，利用灭菌后的量筒在无菌操作台中分装到 250mL 锥形瓶中（每个锥形瓶 25mL 培养基）。

2. 摇瓶种子的培养

将在培养皿中活化的酵母菌种接种至 YPD 培养基中，每瓶接一环。每位成员独立接种一瓶。接种后放于 30℃、250r/min 摇瓶中培养 24h。摇瓶培养物即为发酵罐接种的种子。

3. 种子质量检测

利用显微镜观察细胞形态与分光光度计浊度法检测种子生物量来评价种子质量。在无菌操作台中利用灭菌的玻璃吸管或移液器吸取少量种子培养液，滴于载玻片上。盖上盖玻片，利用显微镜观察细胞形态。正常酿酒酵母形态为球形、椭圆形、卵圆形等。良好的种子应为细胞形态正常、大小均一、细胞饱满。

同时利用分光光度计在 560nm 处测量培养液的 OD 值。测量时以离心培养液收集菌体后的上清液（或者 YPD 培养基）为参比。

4. 发酵罐接种

按照 2% 的接种量将已培养好的种子液（在锥形瓶中进行摇床培养，处于对数生长期的细胞）由接种口接入发酵罐内。接种时，先用浸有酒精的棉花把接种口周围擦拭干净。再在接种口周围点燃酒精棉，以进行火焰接种。打开发酵罐接种口。调节发酵罐进空气流量，以产生上升的气流来防止杂菌污染。从接种口中倒入种子液，迅速合上接种口的密封塞并旋紧密封好。接种后，在控制发酵罐的程序中设置好控制参数进行细胞培养。同时取样，利用浊度法分析接种后发酵罐内的生物量。

【实验结果】

实验需要记录的数据如下：

（1）记录种子镜检所观察的细胞形态等，同时对显微镜视野内细胞拍照。

（2）记录种子液生物量。

（3）记录接种后发酵液生物量。

【思考题】

1. 种子质量有哪些评价标准？

2. 如何保证接种过程中发酵罐内不被杂菌污染？

实验 11.5 酵母细胞补料分批发酵

【实验目的】

1. 以斜面菌种活化为起始，经种子制备、发酵罐接种、发酵罐培养，熟悉发酵培养的全过程。
2. 巩固培养基制备、灭菌、空气过滤等操作过程。
3. 熟悉发酵罐过程参数检测与工艺参数控制。
4. 熟悉分批补料过程的控制方法。
5. 熟悉菌体离心分离及真空干燥过程的操作。

【实验原理】

流加培养又称补料分批培养，是在分批培养的过程中，间歇或连续地补加新鲜培养基的培养方法。其优点是可使发酵系统中维持很低的限制性底物浓度，减少底物的抑制或其分解代谢物的阻遏作用，避免出现限制性底物浓度过高影响菌体得率和代谢产物生成速率的现象。本实验通过酿酒酵母补料分批培养，掌握补料分批发酵的操作。

酿酒酵母在通风供氧充足的前提下，培养基中葡萄糖为限制性基质，葡萄糖的浓度对于提高酵母得率是至关重要的。本实验酿酒酵母培养的目的是获得最大酵母浓度，因此采用葡萄糖流加培养，并比较同样条件下分批培养的效果。

【实验材料及仪器】

1. 材料

菌种：酿酒酵母 *Saccharomyces cerevisiae*。

试剂：马铃薯，葡萄糖，琼脂，氨水，3,5-二硝基水杨酸（DNS），酵母膏，KH_2PO_4，发酵用消泡剂（泡敌）。

器皿：试管，棉塞，锥形瓶（250mL、500mL），封口膜，接种环，量筒，打火机，酒精灯，移液器吸头，离心管，比色皿，具塞刻度试管，空气除菌过滤器（Sartorius® Midisart 2000，孔径 0.2μm）。

2. 培养基

马铃薯葡萄糖斜面培养基：马铃薯汁 20.0g，葡萄糖 2.0g，琼脂 1.5～2.0g，水 100mL，自然 pH。配制方法如下：

（1）配制 20％马铃薯浸汁，取去皮马铃薯 200g，切成小块，加水 1000mL。80℃浸泡 1h，用纱布过滤，然后补足失水至所需体积。即成 20％马铃薯浸汁，贮存备用。

（2）配制时，按每 100mL 马铃薯浸汁加入 2.0g 葡萄糖，加热煮沸后加入 1.5～2.0g 琼脂，继续加热融化并补足失水。

（3）分装、加塞、包扎。

（4）高压蒸汽灭菌 121℃灭菌 20min。

液体发酵培养基：葡萄糖 3％，酵母膏 1％，KH_2PO_4 0.5％，pH5.5。

3. 仪器与设备

发酵罐，恒温摇床，超净工作台，离心机，显微镜，分光光度计，灭菌锅，培养箱，真空干燥箱，空气压缩机（带气体油水分离器），空气稳压阀。

【实验步骤】

实验总流程如下：

斜面培养（斜面培养基配制，灭菌，接种，培养）→摇瓶种子培养→发酵罐培养基制备及灭菌→发酵罐培养→菌体分离。

1. 种子制备

斜面种子制备自保藏斜面中挑取一环酵母菌体接入新鲜的斜面试管中，于28℃培养箱中培养24h。

摇瓶种子的制备将上述培养好的斜面种子接入250mL锥形瓶装25mL摇瓶种子培养基中，在28℃，250r/min振荡培养15～20h。培养物为发酵罐种子。

利用显微镜观察细胞形态与分光光度计浊度法检测种子生物量来评价种子质量，具体见本章的实验11.4。

2. 流加培养

配制液体发酵培养基3L，加入发酵罐内，发酵罐及其附件121℃灭菌20min，冷却至30℃（葡萄糖单独灭菌）。同时配制葡萄糖溶液（25g/100mL）置于流加瓶中，并与流加管路一起灭菌。将培养好的摇瓶种子接入发酵罐（接种量5%）进行发酵。发酵培养条件为：温度28℃，搅拌转速200r/min，通风量1vvm。控制流加补料的泵流加25g/100mL葡萄糖，当发酵罐内葡萄糖浓度达到20～30g/L，滴加0.1mol/L氨水，控制培养液pH值为5.0。通过调节风量和搅拌转速控制溶解氧浓度在10%左右。

过程监控：0h，取样测定还原糖；4～24h，每隔4h取样镜检，测定还原糖并检测菌体浓度。

3. 收集及干燥菌体

发酵液利用离心分离收集菌体，离心收集条件为转速8000r/min，10min。

利用真空干燥收集的菌体制得干酵母。将离心分离后的菌体置于不锈钢托盘放入真空干燥箱。将箱门关上，并关闭放气阀，开启真空阀，再开启真空泵电源开始抽气，使箱内达到所需真空度，关闭真空阀，再关闭真空泵电源开关。把真空干燥箱电源开关拨至"Ⅰ处"，设定温度60℃，箱内温度开始上升，当箱内温度接近设定温度时，加热指示灯突亮突熄，反复多次，一般120min以内搁板层面进入恒温状态。当所需工作温度较低时，可采用二次设定方式，如所需工作温度60℃，第一次可以设定50℃，等温度过冲开始回落后，再第二次设定60℃，这样可降低甚至杜绝温度过冲现象，尽快进入恒温状态。干燥时间12h，当干燥时间较长，真空度下降，需再次抽气恢复真空度，应先开启真空泵电机开关，再开启真空阀。干燥结束后，先关闭电源，旋动放气阀，解除箱内真空状态，再打开箱门取出物品（解除真空后，因密封圈与箱门吸紧变形不易立即打开箱门，经过一段时间后，等密封圈恢复原形后，才能方便开启箱门）。

称重干燥结束后取出菌体，计算菌体总得率。

4. 分析方法

实验需要分析生物量、还原糖浓度以及酵母活性，其方法如下：

（1）生物量的测定方法利用浊度法，结合 OD_{560nm}-干重标准曲线计算发酵液干重。

（2）还原糖的测定利用 DNS（3,5-二硝基水杨酸）法。

（3）酵母发酵活力的测定（选做）：称取 0.26g 鲜酵母，加入 5.0g 面粉（在 30℃下恒温 1h）制成面团，置于 30℃水中，测定面团从水底浮出的时间。浮起时间在 15min 内认为样品合格。

【实验结果】

实验需要记录的数据如下：

（1）分别画出分批培养与流加培养过程中培养液中葡萄糖（g/L）、酵母菌体量（g/L）随流加培养时间的变化曲线。

（2）分别计算酵母产率（基于葡萄糖产率）。

【思考题】

1. 流加培养与分批培养菌体浓度的区别及原理分别是什么？

2. 推导理想状况下准稳态恒速流加与时间参数的方程是什么？

实验 11.6　利用大肠杆菌 *E. coli* BL21(DE3)（pET28a-*hhdh*$_{xf2}$）工程菌表达卤醇脱卤酶

【实验目的】

1. 学习液体发酵的方法以及液体发酵操作。
2. 学习利用工程菌表达工程蛋白生产方法。
3. 学习工程菌表达时需要注意的事项。
4. 学习蛋白质表达强度以及目标蛋白质的检测方法。

【实验原理】

卤醇脱卤酶（halohydrin dehalogenase，HHDHs，EC 4.5.1.X）通过分子内亲核取代机制催化邻卤醇脱卤生成光学纯的环氧化物，并可以在非自然亲核试剂介导的作用下催化环氧化物开环生成光学纯的 β-取代醇，在生物催化手性合成方面具有重要应用。从自然界中筛选出高产菌株；利用生物技术，构建卤醇脱卤酶高产的基因工程菌。而后者可以获得很高的卤醇脱卤酶表达效率。HHDH 一共 245 个氨基酸。氨基酸序列如图 11.2 所示。

1	MPLKDRVILITNVEKFAGHGTTRVALAQGATVLAHDPSFEAPSARRKYEA	50
51	EFPGAHALSAVEPATLVDLALKRHGHIDALVNNDAYPALRAPLGEARLED	100
101	YRAALEAMAVAPFRLTQLVAPSMRKRKSGRIVFVSSAAPLRGIANYAPYV	150
151	SARAAANGLVSSLAKELGRDGITVNAVGSNYVENPDYFPPALLANSEAMA	200
201	KMTAQIPLGRLGKSDELGATVCFLCSDAAGFITGHVLPHAGGWA	244

图 11.2　卤醇脱卤酶（HHDHs）氨基酸序列

通常，使用 *E. coli* BL21（DE3）作为宿主细胞，高效表达卤醇脱卤酶。其表达载体为 pET28a，是由 T7 启动子驱动过表达。在表达物 *N*-端带有 His 标记，可以使用 Ni 亲和柱很方便地进行产物纯化。表达载体示意图如图 11.3 所示。

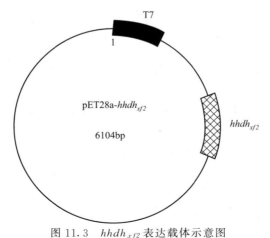

图 11.3　*hhdh*$_{xf2}$ 表达载体示意图

该质粒带有卡那霉素（Kan）抗性标记，通过添加卡那霉素作为压力，可以选择性地增加质粒的稳定性，避免质粒丢失。质粒带有 *lacI* 操纵子，以 IPTG 进行诱导表达。

该实验首先对保存的工程菌进行活化。利用活化的菌种在摇瓶中制备过夜的种子液作为发酵的种子。把种子接种到 5L 的 LB-Kan50 发酵培养基，在对数生长期中期加入 IPTG，以诱导卤醇脱卤酶的表达。最后表达产物测定卤醇脱卤酶的酶活力，同时利用 SDS-PAGE 检测表达产物。

卤醇脱卤酶酶活力测定原理：卤醇脱卤酶可以催化 1,3-二氯-2-丙醇脱卤生成环氧氯丙烷，利用气相色谱仪检测生成的环氧氯丙烷的量，进而反映出卤醇脱卤酶的酶活力。

【实验材料及仪器】

1. 材料

菌种：大肠杆菌 E.coli BL21（DE3）(pET28a-*hhdh*$_{xf2}$)，由本实验室构建保藏。

主要试剂：胰蛋白胨，酵母提取物，NaCl，异丙基硫代半乳糖苷（IPTG），卡那霉素（Kanamycin），琼脂，十二烷基硫酸钠，丙烯酰胺，交叉双丙烯酰胺，发酵用消泡剂，蛋白质 Marker（20～90kDa），乙酸，考马斯亮蓝 R250，乙醇，Tris 碱，盐酸，磷酸氢二钠，磷酸二氢钾，1,3-二氯-2-丙醇，环氧氯丙烷，正己烷。

器皿：锥形瓶（250mL），量筒（2000mL），接种针，打火机，酒精灯，棉花，镊子，微量移液器，2mL 离心管，20mL 离心管（无菌包装）、50mL 离心管，空气除菌过滤器（Sartorius® Midisart 2000，孔径 0.2μm），比色皿，压缩气体管路。

培养基：

利用含卡那霉素的 LB-kan50（Luria-Bertani）培养基培养工程菌表达所需酶。培养基组成为：胰蛋白胨 10.0g，酵母提取物 5.0g，氯化钠 10g，加水至 1000mL。配制好的培养基在 121℃灭菌 20min。平板与斜面培养基，在此基础上加入 15g 琼脂。培养基中卡那霉素（Kan）终浓度为 50μg/mL，通常配成浓度为 50mg/mL 水溶液作为工作母液，无菌过滤后－20℃保存。

2. 仪器与设备

恒温摇床，培养箱，通风机械搅拌式玻璃发酵罐，高压蒸汽灭菌器，空气压缩机（带气体油水分离器），空气稳压阀，氮气钢瓶及减压阀，冷冻离心机，紫外-可见分光光度计，垂直电泳仪，凝胶成像仪，水浴锅，气相色谱仪。

3. 溶液

需预先配制的溶液如下：

Kan50 存储液：溶解 500mg 卡那霉素于适量的水中，最后定容至 10mL，利用 0.22μm 膜无菌过滤，分装成小份，于 4℃贮存备用。

IPTG 存储液（0.1mol/L）：配制 0.1mol/L 的 IPTG 溶液（50mL），再利用 0.2μm 膜无菌过滤，分装于 10mL 无菌离心管中，于－20℃下保存备用。

Tris-HCl（2mol/L，500mL，pH8.9）：121g Tris 碱加 350mL 双蒸水溶解，以玻璃棒搅拌约 1min，缓慢加入浓盐酸 20mL，继续搅拌均匀，并使 Tris 全部溶解，溶液澄清，加入适量双蒸水至 500mL，倒入无色玻璃试剂瓶中，4℃冰箱保存。

SDS-PAGE 溶液：参见标准的 SDS-PAGE 实验，电泳准备相应的缓冲液、制胶缓冲液。

考马斯亮蓝染色液（1000mL）：先称取1.0g考马斯亮蓝R250于1000mL试剂瓶中，加入甲醇450mL溶解，再加冰醋酸100mL和双蒸水450mL至大约1000mL。室温可放置12个月以上。染色液可倒入专用的回收试剂瓶，届时加入适量甲醇、考马斯亮蓝和大约10g/L的三氯乙酸后可重复使用。

考马斯亮蓝脱色液（1L）：于1L洁净塑料桶内装入乙醇0.2L，冰醋酸50mL，加入去离子水至1L，混匀，室温可放置12个月以上。

磷酸氢二钠-磷酸二氢钾缓冲液：X液，称取1.1876g二水合磷酸氢二钠，溶解于少量去离子水后定容至100mL，配成1/15mol/L的磷酸氢二钠溶液。Y液，称取0.9078g磷酸二氢钾溶解于少量去离子水后定容至100mL，配成1/15mol/L的磷酸二氢钠溶液。1/15mol/L pH=8.34磷酸盐缓冲液为分别量取X液9.75mL和Y液0.25mL混合，于4℃储存备用。

【实验步骤】

1. 菌种活化

为了使工程菌 *E.coli* BL21（DE3）（pET28a-*hhdh*$_{xf2}$）保持较好的遗传稳定性，特别是为了保持质粒的稳定性，每次实验均需对工程菌进行活化。其方法为从保藏的甘油管中挑取工程菌，在LB-Kan50平板上画线，37℃培养箱中过夜培养，长出单菌落，该活化的菌落保持原有的性状和活力。

2. 种子液的制备

挑取复活的 *E.coli* BL21（DE3）（pET28a-*hhdh*$_{xf2}$）单菌落（健壮、形态规则的菌落），接种于LB-Kan50液体培养基中（250mL锥形瓶装25mL培养基），37℃ 270r/min摇床中培养过夜，获得合适的种子液。

注：发酵罐装液量为4L，接种量为0.5%，制备种子液时应注意相应的体积。

3. 发酵培养与工程蛋白表达

利用工程菌的发酵表达工程蛋白常分为两个阶段：生长期，诱导表达期。生长期主要是为工程菌的生长提供一个很好的生长环境，繁殖出适量的生物量，为后期的蛋白表达提供生物基础。诱导表达期是工程蛋白的产生时期，该阶段需要创造条件，有利于工程菌的高效表达。

先配制好LB培养基5L，添加少量消泡剂后装入发酵罐，在121℃下高压蒸汽灭菌20min，待培养基冷却至常温后加入5mL Kan50存储液。在火焰下接种之前培养的种子液，接种量为0.5%。控制发酵罐培养条件为37℃、300r/min搅拌转速、0.5vvm通气率、pH7.0，培养6h左右至对数生长期中期，OD值为0.8左右。在培养过程中控制搅拌转速与通气量，以使溶解氧浓度在10%以上。同时控制泡沫程度与pH值。

当培养液OD值达到0.8时，调节发酵罐的培养温度，使之降为30℃。再加入5mL的IPTG溶液，使IPTG诱导浓度为0.1mmol/L，在30℃下诱导表达。控制表达的溶解氧与pH值在合适的范围之内。诱导表达6h后，结束发酵，收集菌体。在加入IPTG之前，取10mL培养液，作为诱导后产物SDS-PAGE分析时的对照样品。

4. 发酵液预处理

发酵结束后，停止搅拌，并关闭温度、pH值以及溶氧控制系统，关闭冷却水阀门。通过取样管放出发酵液。同时清洗发酵罐以及发酵罐各部件。取发酵液200mL在4℃下

10000r/min×7min 离心收集菌体，以备后续酶活力测定以及 SDS-PAGE 检测蛋白质表达量使用。

5. 卤醇脱卤酶酶活力测定

（1）取 100mL 发酵液在 8000r/min、4℃条件下离心 10min，并用 pH8.34 的磷酸盐缓冲液洗涤菌体 2 次。

（2）取一定体积的 pH8.34 磷酸盐缓冲液悬混菌体，加入终浓度为 30mmol/L 的 1,3-二氯-2-丙醇，在 35℃、150r/min 的水浴摇床内反应 30min。

（3）取 1mL 反应液加入 5μL 内标（正己烷）离心收集上清液，加入适量的无水硫酸钠干燥。

（4）采用气相检测环氧氯丙烷的浓度，色谱柱类型：毛细管柱；色谱条件：载气为氮气，上样量为 1μL，柱温 100℃保留 2min，再以 20℃/min 的速度升温至 130℃，并在该温度下保留 3min，最后以 20℃/min 的速度升温至 150℃并保留 5min，进样室温度为 200℃，FID 检测器温度为 220℃，氮气流速为 1.33mL/min，分流比为 30∶1。

（5）采用内标法对实验结果进行分析。

（6）酶活力单位定义为：在最适温度和 pH 值的条件下，1min 内生成 1mmol 的产物环氧氯丙烷所需的酶量定义为一个酶活力单位（1U）。

6. 卤醇脱卤酶的 SDS-PAGE 鉴定

取 1mL 发酵液，10000r/min 离心 5min，弃上清液，沉淀重悬于 100μL 1×SDS 凝胶电泳加样缓冲液中，100℃加热 3～5min，贮存于−20℃，上样前融化样品，12000r/min 离心 1min，取 10μL 上样，进行 SDS-PEAG。

配制 SDS-PAGE 电泳凝胶，浓缩胶与分离胶浓度分别为 5%、10%。加入电泳缓冲液，将制好的样品用微量移液器取 10μL，点入点样孔底部。首先以 60V 电压电泳。当溴酚蓝到达分离胶时，电压调至 100V，继续电泳至溴酚蓝到达分离胶底部，停止电泳。将胶取下，浸泡在考马斯亮蓝染色液中，染色 2h 以上，用浓脱色液脱色 2～3 次，至蛋白带清晰，背景脱色完全，对 SDS-PAGE 胶拍照。进行 SDS-PAGE 时，为了对比产物的生产情况，以加入 IPTG 之前的发酵液作为对照。同时以分子量范围为 20～90kDa 的蛋白质标记物作为分子量参比，估算出所表达蛋白质的分子量及浓度。

【实验结果】

1. 观察实验过程，测定工程菌发酵过程中细胞生长情况（OD$_{600}$变化曲线）。

2. 给出发酵过程中系统记录的各参数变化曲线。

3. 给出诱导时间、发酵结束时间及其对应的 OD 值。

4. 给出卤醇脱卤酶诱导前及诱导终止时的酶活力。

5. 给出诱导前及诱导终止时发酵产物的 SDS-PAGE 图谱。

【思考题】

1. 卤醇脱卤酶酶活力测定的原理是什么？

2. 如何判定重组细胞的表达产物含有卤醇脱卤酶，并如何分析其表达量？

实验 11.7　固态发酵法生产柠檬酸

【实验目的】

1. 学习固态发酵的方法。
2. 学习有机酸的发酵生产方法。
3. 学习柠檬酸发酵原理、过程和产物提取方法。

【实验原理】

柠檬酸（citric acid）又称枸橼酸，化学名：2-羟基-丙烷三羧酸，分子式 $C_6H_8O_7$，分子量为 192.13，其结构如图 11.4 所示。无水柠檬酸是无色、半透明、全对称晶体。柠檬酸在化工、医药、食品等方面有着广泛的用途。

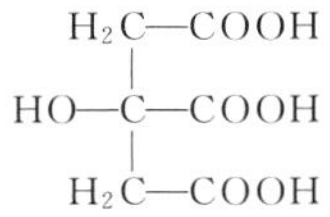

$$H_2C—COOH$$
$$HO—C—COOH$$
$$H_2C—COOH$$

图 11.4　柠檬酸的化学结构式

1893 年前，柠檬酸的生产方法主要是通过从柑橘、菠萝和柠檬等果实中提取。1893 年后发现微生物可合成柠檬酸，1951 年美国 Miles 公司首先采用深层发酵生产柠檬酸。我国在 20 世纪 40 年代初开始采用固体浅盘发酵生产柠檬酸，60 年代开始采用深层发酵生产柠檬酸。

能够生产柠檬酸的微生物有很多，青霉、毛霉、木霉、曲霉以及葡萄孢霉中的一些菌株都能利用淀粉质原料大量积累柠檬酸。目前国内主要利用黑曲霉（*Aspergillus niger*）通过固态发酵或液体深层发酵生产柠檬酸。黑曲霉中柠檬酸生物合成途径如图 11.5 所示。

发酵法生产柠檬酸的代谢途径被认为是微生物产生糖化酶首先将淀粉转化为葡萄糖，葡萄糖经过糖酵解途径（EMP）转变为丙酮酸，丙酮酸由丙酮酸氧化酶氧化生产乙酸和 CO_2，继而经乙酰磷酸形成乙酰辅酶 A，然后在柠檬酸合成酶的作用下乙酰辅酶 A 和草酰乙酸合成柠檬酸。产生的柠檬酸经过碳酸钙作用形成柠檬酸钙沉淀，再经稀硫酸作用释放出柠檬酸。本实验以红薯（或玉米）为原料，利用黑曲霉经固体发酵生产柠檬酸。

固态发酵是指没有或几乎没有自由水存在下，在有一定湿度的水不溶性固态基质中，用一种或多种微生物的一个生物反应过程。从生物反应过程的本质考虑，固态发酵是以气相为连续相的生物反应过程。固体发酵具有操作简便、能耗低、发酵过程容易控制、对无菌要求相对较低、不易发生大面积的污染等优点。在酶、有机酸以及食品发酵生产方面具有广泛的应用。

【实验材料及仪器】

1. 材料

所用菌种：黑曲霉（*Aspergillus niger*）2333。

试剂：麸皮，米糠，红薯，玉米面，蔗糖，硝酸钾，硝酸钠，磷酸氢二钾，硫酸镁，氢氧化钠，氯化钾，硫酸亚铁，碳酸钙，硫酸，正丙醇，柠檬酸，乙醇，浓氨水，活性

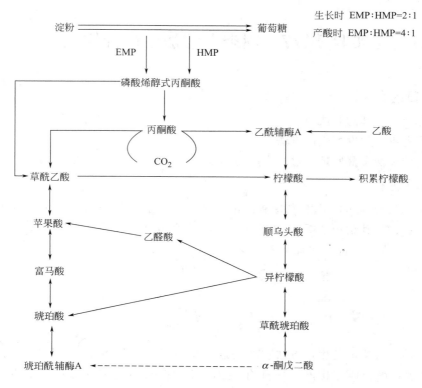

图 11.5 黑曲霉中柠檬酸生物合成途径

炭，阳离子树脂，溴甲酚绿，酚酞，氢氧化钠，氯化钾，新华 3 号滤纸。

器皿：陶瓷盘，锥形瓶，毛细管，色谱缸，量筒，烧杯。

培养基：查氏培养基，配方为蔗糖 30g，KNO_3 1g，K_2HPO_4 1g，$MgSO_4 \cdot 7H_2O$ 0.5g，KCl 0.5g，$FeSO_4 \cdot 7H_2O$ 0.01g，pH 7.0～7.2，加水定容至 1000mL。平板与斜面培养基，在此基础上加入 15g 琼脂。

一级种子培养基，用于为种曲制备大量孢子。其成分为含麸皮（10%）的查氏培养基。

二级种曲培养基，用于为发酵制备大量种子。其成分为麸皮 30g，米糠 12g，水 30mL，以盐酸调 pH 至 5.0，装入 500mL 锥形瓶中，塞上 8 层纱布。

发酵培养基，用于发酵产酸。其成分为红薯 800g（捣碎），麸皮 80g，米糠 80g，搅拌均匀后装入大搪瓷缸，或玉米面 400g，麸皮 50g，水 200mL，搅拌均匀后装入大搪瓷缸。

上述 3 种培养基经高压蒸汽灭菌（121℃，30min）后备用。

2. 仪器与设备

恒温培养箱，电子天平，摇床，水浴锅，高压灭菌锅，振荡器，离心机，抽滤系统。

3. 溶液

酚酞指示剂 0.1%：酚酞 0.1g 溶于 100mL 的含 10% 乙醇的水溶液。

溴甲酚绿乙醇溶液 0.04%：溴甲酚绿 0.04g 溶于 100mL 的含 10% 乙醇的水溶液。

NaOH 溶液 0.1429mol/L：5.716g NaOH 溶于去离子水中，定容至 1000mL。

标准柠檬酸溶液 2%：柠檬酸结晶 2g 溶于去离子水中，定容至 100mL。

色谱展层剂：正丙醇：浓氨水＝3：2（体积比）。

【实验步骤】

1. 种子制备

（1）一级种子（斜面菌种）的制备：用接种环挑取冰箱中保藏的菌种接种于一级种子培养基斜面上，于 28℃ 恒温培养箱中培养 3～5d，待长成大量黑色孢子后即成为一级种子。

（2）孢子悬液的制备：在一级种子斜面菌种管中加入 10mL 无菌水，用接种环搅起黑曲霉孢子，在振荡器上振荡 2min 成均匀的孢子悬液（整个过程需无菌操作）。

（3）二级种曲（锥形瓶菌种）的制备：吸取孢子悬液 10mL 于装有种子培养基的锥形瓶中，然后摊开纱布，扎好，并在掌心轻轻拍锥形瓶，使孢子培养基充分混合，于 28℃ 恒温培养箱培养 1d 后，再次拍匀锥形瓶内培养物，继续培养 3～4d 即成"种曲"。

2. 发酵培养

（1）接种与摊盘：将灭菌的发酵培养基倒在灭菌的搪瓷盘中，厚度 1～2cm，待培养基冷却至 30℃ 左右时均匀拌入 1% 种曲，在培养基上覆盖两层灭菌过的纱布。

（2）发酵培养：摊盘后，将陶瓷盘放到恒温培养箱中，并在培养箱中放置一个内有清水的小搪瓷盘，以保持培养箱中的湿度，30℃ 培养 24h 后翻曲一次，并将培养箱稳定调至 28℃，继续发酵 4～5d。

3. 柠檬酸提取

发酵结束后将发酵物倒入一个大烧杯中，加入去离子水，搅匀，浸泡 1h，用 2 层纱布过滤，将滤液加热到 100℃ 处理 10min，离心（3000r/min，10min），以除去蛋白质、酶、菌体、孢子等杂质。向清液中加入碳酸钙进行中和（每 100g 柠檬酸需加入 71.4g 碳酸钙，一定要控制好终点，过量的碳酸钙会造成胶体等其他杂质的沉淀而影响质量）。继续加热到 90℃，反应 30min，中和终点用 NaOH 滴定，此时柠檬酸成钙盐析出。

4. 酸解

将柠檬酸钙加水搅成糊状，在不断搅拌下，将硫酸缓慢加入，用量为碳酸钙的 85%～90%（pH1.8），酸解的温度必须控制在 80℃ 以上。当加入足量的硫酸时，柠檬酸就会被游离出来。离心（3000r/min，10min）收集上清液。

5. 脱色和去除各种阳离子

用活性炭进行脱色，用阳离子树脂去除各种阳离子，当流出液 pH 为 4 时，表示有柠檬酸流出，开始收集。

6. 总酸量测定

精确吸取所收集的上清液 1mL，加 2～3 滴 0.1% 酚酞指示剂，用 0.1429mol/L NaOH 进行滴定，滴定至微红色，计算用去的 NaOH 量，计算柠檬酸的百分含量（每消耗 1mL 的 NaOH 为 1% 的酸度）。

7. 纸色谱鉴定柠檬酸

（1）点样：在距新华滤纸（25cm×19cm）底端 2.5cm 处画一道横线，用毛细管将 2% 标准柠檬酸溶液和收集的柠檬酸溶液点在滤纸的横线上。每个样品距离 2cm。

（2）展开：将点好样的滤纸做成圆桶状，置于含有展开溶剂系统的色谱缸中，于20～25℃上行扩展20～25cm后取出，挥发除净溶剂。

（3）显色：色谱滤纸用0.04％溴甲酚绿乙醇喷雾显色。

【实验结果】

1. 记录发酵过程和提取过程。
2. 计算柠檬酸量。
3. 观察产物纸色谱图。

【思考题】

1. 检测柠檬酸的主要原理是什么？
2. 发酵过程中如何控制发酵培养基的水分？

第12章　生物分离工程实验

实验 12.1　植物细胞的破碎及超氧化物歧化酶的浸提

【实验目的】

1. 掌握植物细胞破碎的方法。
2. 掌握植物细胞中超氧化物歧化酶（SOD）的浸提方法。
3. 掌握离心机的使用方法。

【实验原理】

植物细胞的细胞膜外有一层坚固的细胞壁，较难破碎，实验室通常采用机械研磨的方法破碎植物细胞，研磨时常加入少量石英砂、玻璃粉或其他研磨剂，以提高细胞破碎率。

浸提是根据相似相溶的原理，用溶剂提取固体原料中的有用成分的方法。大部分酶都可溶于水、稀盐、稀酸或碱溶液，少数与脂类结合的酶则溶于乙醇、丙酮、丁醇等有机溶剂中，因此，可采用水溶液提取分离和纯化酶。稀盐和缓冲系统的水溶液对酶稳定性好、溶解度大，是提取酶最常用的溶剂，通常用量是原材料体积的 $1 \sim 5$ 倍，提取时需要均匀地搅拌，以利于酶的溶解。提取的温度要视有效成分性质而定。一方面，多数酶的溶解度随着温度的升高而增大，因此，温度高利于溶解，缩短提取时间。但另一方面，温度升高会使酶变性失活，因此，基于这一点考虑提取酶时一般采用低温（4℃）操作。

【实验材料及仪器】

1. 材料

石英砂，新鲜小白菜叶和南瓜瓤等。

2. 试剂

磷酸氢二钠，磷酸二氢钠。

3. 器皿与仪器

研钵，剪刀，烧杯，量筒，磁盘，温度计和移液枪。

分析天平、制冰机和磁力搅拌器。

【实验步骤】

1. 磷酸盐缓冲液的配制

磷酸盐缓冲液（PBS，0.01mol/L，pH7.8）：准确称取 Na_2HPO_4 3.2770g，NaH_2PO_4 0.1326g，溶解，加去离子水定容至 1000mL，转移至 1000mL 试剂瓶。

2. 细胞的破碎

用分析天平准确称取已剪碎的原料（如新鲜小白菜叶、南瓜瓤等）10.0g 于预冷的研钵中，加入少量石英砂在冰浴上研磨成浆。

3. 粗酶液的提取

将研磨的浆状物转移至烧杯中，用 10.0mL 预冷的 0.01mol/L pH7.8 的磷酸盐缓冲液分三次将研钵中的残留物洗下，一并转移至烧杯中，置于 4℃冰箱（用温度计测试水温，记下冰箱的温度）提取 1h（不时摇动烧杯），然后转移至离心管中，于 4℃下 5000g 离心 10min。将上清液转入量筒中，测试粗酶液的体积。取 1.0mL 粗酶液于 2mL 离心管中，留存于－20℃冰箱，用于后续实验中蛋白质含量、酶活力测定及双水相萃取的样品，余下的粗酶液置于－20℃冰箱用于盐析和色谱等分离纯化。

【数据处理与实验结果】

1. 注明原料名称和粗酶液提取温度。
2. 注明原料质量和粗酶液体积。

【思考题】

1. 为什么要测试原料的质量及粗酶液的体积？
2. 原料为何要研磨成浆？

实验 12.2　考马斯亮蓝 G250 法测定蛋白质含量

【实验目的】

1. 了解考马斯亮蓝法测定蛋白质的原理。
2. 掌握考马斯亮蓝测定蛋白质含量的方法。

【实验原理】

考马斯亮蓝 G250 测定蛋白质含量属于染料结合法的一种。考马斯亮蓝 G250 在游离状态下呈红色，最大光吸收在 488nm；当它与蛋白质结合后变为青色，蛋白质-色素结合物在 595nm 波长下有最大光吸收。其光吸收值与蛋白质含量成正比，因此可用于蛋白质的定量测定。蛋白质与考马斯亮蓝 G250 结合在 2min 左右的时间内达到平衡，完成反应十分迅速；其结合物在室温下 20min 内保持稳定。该法是 1976 年由 Bradford 建立，试剂配制简单，操作简便快捷，反应非常灵敏，灵敏度比 Lowry 法还高 4 倍，可测定微克级蛋白质含量，测定蛋白质浓度范围为 $0 \sim 500 \mu g/mL$，是一种常用的微量蛋白质快速测定方法。

【实验材料及仪器】

1. 材料

本章实验 12.1 中留存的 SOD 粗酶液。

2. 试剂

牛血清白蛋白，考马斯亮蓝 G250，无水乙醇，磷酸。

3. 器皿与仪器

容量瓶，烧杯，具塞试管，试管架，玻璃比色皿，移液枪。

分析天平，水浴锅，紫外-可见分光光度计。

【实验步骤】

1. 主要试剂的配制

（1）牛血清白蛋白标准溶液（$500 \mu g/mL$）的配制

称取牛血清白蛋白 50mg，用去离子水溶解，定容至 100mL，转移至 100mL 试剂瓶。

（2）考马斯亮蓝 G250 的配制

称取 100mg 考马斯亮蓝 G250，溶于 50mL 90%（体积分数）乙醇中，加入 85%（m/V）的磷酸 100mL，最后用去离子水定容到 1000mL，转移至 1000mL 试剂瓶。此溶液在常温下可放置一个月。

（3）待测溶液的配制

将本章实验 12.1 中留存的 SOD 粗酶液稀释 20 倍。

2. 标准曲线制作

（1）$0 \sim 100 \mu g/mL$ 标准曲线的制作

取 6 支 20mL 洗净、干燥好的具塞试管，按表 12.1 取样。先将标准蛋白液加入各试管中，再加入去离子水于各试管中，最后加入考马斯亮蓝 G250 试剂于 1 号和 2 号试管中，开始计时，盖塞后，将 1 号和 2 号试管中溶液纵向倒转混合，将 1 号和 2 号试管放置在 25℃ 水浴中，计时 2min 时，以 1 号试管中的溶液为对照，在 595nm 波长下测定 2 号试管中样品的吸光值。将考马斯亮蓝 G250 试剂加入 3 号试管中，开始计时，盖塞后，将 3 号试管中溶液纵向倒转混合，将 3 号试管放置在 25℃ 水浴中，计时 2min 时，以 1 号试管中的溶液为对照，在 595nm 波长下测定 3 号试管中样品的吸光值。按测试 3 号试管中样品的方法，测试 4 号、5 号、6 号试管中样品。

表 12.1 低浓度标准曲线制作

管　　号	1	2	3	4	5	6
100μg/mL 标准蛋白液/mL	0.0	0.2	0.4	0.6	0.8	1.0
去离子水/mL	1.0	0.8	0.6	0.4	0.2	0.0
考马斯亮蓝 G250 试剂/mL	5	5	5	5	5	5
蛋白质含量/μg	0	20	40	60	80	100
A_{595nm}						

（2）0～500μg/mL 标准曲线的制作

另取 6 支 20mL 具塞试管，按表 12.2 取样，其余步骤同（1）操作。

表 12.2 高浓度标准曲线制作

管　　号	7	8	9	10	11	12
500μg/mL 标准蛋白液/mL	0.0	0.2	0.4	0.6	0.8	1.0
去离子水（mL)	1.0	0.8	0.6	0.4	0.2	0.0
考马斯亮蓝 G250 试剂/mL	5	5	5	5	5	5
蛋白质含量/μg	0	100	200	300	400	500
A_{595nm}						

3. 样品液中蛋白质含量的测定

另取 3 支 20mL 具塞试管，按表 12.3 取样。以 13 号试管中的溶液为对照，测定 14 号、15 号试管中溶液的吸光值，并通过标准曲线计算待测样品中蛋白质的含量。

表 12.3 样品液蛋白质浓度测定

管　　号	13	14	15
样品液/mL	0.0	1.0	1.0
去离子水/mL	1.0	0	0
考马斯亮蓝 G250 试剂/mL	5.0	5.0	5.0
A_{595nm}			
蛋白质含量/μg			

【数据处理与实验结果】

1. 以标准蛋白质含量为横坐标、吸光值为纵坐标，绘制标准曲线。
2. 据标准曲线计算每毫升粗酶液中的蛋白质量。
3. 据粗酶液中蛋白质含量和粗酶液体积，计算每克原料的蛋白质量。

【思考题】

1. 测定蛋白质含量的方法有哪些？
2. 制作标准曲线及测定样品时，为什么要将试管中溶液纵向倒转混合？

实验 12.3 联大茴香胺盐酸盐法测定超氧化物歧化酶活力

【实验目的】

1. 了解超氧化物歧化酶的作用特性。
2. 掌握联大茴香胺盐酸盐法测定超氧化物歧化酶活力的方法和原理。

【实验原理】

超氧化物歧化酶（superoxi dedismutase，SOD，EC1.15.1.1）是一种生物活性蛋白质，是人体不可缺少、重要的氧自由基清除剂，也是目前为止发现的唯一的以自由基为底物的酶。

SOD 为金属蛋白酶，广泛存在于各类生物体内，按其所含金属离子的不同，可分为 4 种：铜锌超氧化物歧化酶（Cu·Zn-SOD）、锰超氧化物歧化酶（Mn-SOD）、铁超氧化物歧化酶（Fe-SOD）和镍超氧化物歧化酶（Ni-SOD）。

SOD 催化如下反应：$O_2^- \cdot + O_2^- \cdot + 2H^+ \longrightarrow H_2O_2 + O_2$

核黄素（riboflavin，Rb）为光敏物质，其吸收光能后，成为激发态 Rb^*，若反应体系中有联大茴香胺（3,3'-二甲氧基联苯胺，3,3'-dimethoxybenzidine，DH_2），则 Rb^* 使 DH_2 氧化生成 DH·自由基，Rb^* 被还原为 RbH 黄素半醌。按理 DH· 与 DH· 可以反应生成 DH_2 与二价氧化物 D，但由于 RbH 可诱使 O_2 还原为氧自由基 $O_2^- \cdot$，后者可使 DH·还原为 DH_2，从而使 D 不能产生。但在 SOD 存在下，氧自由基可被及时清除，D（D 在 460nm 处有吸收）就会产生。而且在一定条件下，SOD 浓度与 D 的生成量成正比，D 对 460nm 光吸收的增加量成直线关系。据此可以测得 SOD 的活力。

【实验材料及仪器】

1. 材料

SOD 标准品和实验 12.1 中留存的 SOD 粗酶液。

2. 试剂

磷酸氢二钠，磷酸二氢钠，核黄素，联大茴香胺盐酸盐。

3. 器皿与仪器

10mL 烧杯，带盖瓷盘，棕色容量瓶，玻璃比色皿，棕色广口试剂瓶，移液枪。

分析天平，光照培养箱，紫外-可见分光光度计。

【实验步骤】

1. 主要试剂的配制

（1）联大茴香胺盐酸盐储备液（0.01mol/L）

准确称取联大茴香胺盐酸盐 0.0793g 于 50mL 小烧杯中，用少量去离子水溶解后，移入 25mL 棕色容量瓶，定容。然后将其转移至棕色试剂瓶中，置于 4℃ 冰箱保存。临用时取 3.0mL 联大茴香胺盐酸盐储备液于 100mL 棕色容量瓶，用去离子水定容。

（2）核黄素储备液（5.4×10^{-4} mol/L）

准确称取核黄素 0.0102g 置于 50mL 烧杯中，用少量 0.01mol/L、pH7.8 的 PBS 溶解，然后转移至 50mL 容量瓶中用 0.01mol/L、pH7.8 的 PBS 定容。将溶液转移至棕色试剂瓶中，置于 4℃ 冰箱保存。临用时取 5.0mL 核黄素储备液于 100mL 棕色容量瓶，用 0.01mol/L、pH7.8 的 PBS 定容。

（3）标准 SOD 酶液

将 3000 酶活力单位的酶制剂用 pH7.8 的 0.01mol/L PBS 溶解，并定容至 25mL。用离心管分装，置于 -70℃ 冰箱保存。临用时取 1.0mL 标准 SOD 酶液，用 pH7.8 的 0.01mol/L PBS 稀释至 25mL。

（4）待测溶液的配制

将实验 12.1 中留存的 SOD 粗酶液稀释 20 倍。

2. 标准曲线制作

取 6 个 10mL 小烧杯（<u>小烧杯上不能用记号笔编号，以小烧杯所在位置顺序标记为小烧杯编号，小烧杯编号会影响光反应，影响实验结果</u>）按表 12.4 加入试剂，光照反应 40min 后以 1 号烧杯中的反应液为对照，测定 2~6 号烧杯中反应液 460nm 处的吸光值。

表 12.4　光反应系统中各试剂及 SOD 酶液加入量

杯　　号	1	2	3	4	5	6
标准 SOD 酶液/mL	0	0.2	0.4	0.6	0.8	1.0
0.01mol/L，pH7.8 的 PBS/mL	1.0	0.8	0.6	0.4	0.2	0
联大茴香胺盐酸盐/mL	2	2	2	2	2	2
核黄素/mL	2	2	2	2	2	2
酶活力/IU	0	0.96	1.92	2.88	3.84	4.8
A_{460nm}						

3. 样品液中 SOD 酶活力的测定

另取 3 个 10mL 小烧杯，按表 12.5 取样。光照反应 40min 后以 7 号烧杯反应液为对照，测试 8 号和 9 号烧杯反应液 460nm 处的吸光值。

表 12.5　待测液 SOD 酶活力测定

杯　　号	7	8	9
样品 SOD 酶液/mL	0	1.0	1.0
0.01mol/L，pH7.8 的 PBS/mL	1.0	0	0
联大茴香胺盐酸盐/mL	2	2	2
核黄素/mL	2	2	2
酶活力/IU			
A_{460nm}			

【数据处理与实验结果】

1. 以酶活力为横坐标、吸光值为纵坐标，绘制标准曲线。
2. 据标准曲线计算每毫升粗酶液中 SOD 的酶活力。
3. 据粗酶液中 SOD 的酶活力和蛋白质含量，计算粗酶液中 SOD 的比活。
4. 据粗酶液中 SOD 的酶活力和粗酶液体积，计算每克原料 SOD 的酶活力。

【思考题】

1. 为什么 SOD 酶活力不能直接测定？

2. 制作标准曲线及测定样品时，为什么用记号笔或标签纸给小烧杯编号会影响实验结果？

实验 12.4　双水相萃取相图的制作

【实验目的】

1. 了解双水相萃取的原理。
2. 掌握用浊点法制作双水相系统相图的方法。

【实验原理】

两种亲水性高聚物或高聚物与无机盐在水中会形成两个相。这是由于高聚物的不相容性或盐析作用引起的。因此，它们只有达到一定的浓度，才能形成两相。双水相形成的条件和定量关系可用相图来表示，它是一条双节线。当成相组分的配比在曲线的下方时，系统为均匀的单相，混合后溶液澄清透明，成为均相区；当成相组分的配比在曲线的上方时，能自动分成两相，成为两相区；若配比在曲线上，则混合后，溶液恰好从澄清变为浑浊。

相图是研究双水相萃取的基础。

【实验材料及仪器】

1. 试剂

PEG_{4000} 和 $Dextran_{40}$。

2. 器皿与仪器

玻棒，具塞试管，烧杯，移液枪和容量瓶。

混匀器，分析天平和微量滴管装置。

【实验步骤】

1. 主要试剂的配制

（1）30%（m/V）的 PEG_{4000} 溶液

准确称取 PEG_{4000} 15g 于 100mL 小烧杯中，用去离子水溶解后，移入 50mL 容量瓶，定容。然后将其转移至试剂瓶。

（2）20%（m/V）的 $Dextran_{40}$ 溶液

准确称取 $Dextran_{40}$ 10g 于 100mL 小烧杯中，用去离子水溶解后，移入 50mL 容量瓶，定容，然后将其转移至试剂瓶。

2. 双水相系统相图的制作

测定 30%（m/V）的 PEG_{4000} 溶液和 20%（m/V）的 $Dextran_{40}$ 溶液的密度。

取 30%（m/V）的 PEG_{4000} 溶液 1.0mL 于试管中，按表 12.6 所列第 1 号数据，用吸管加入 0.3mL 水（水的密度以 1g/mL 计）。缓慢滴加已配制好的 20%（m/V）的 $Dextran_{40}$ 溶液，并不断在混匀器上混合，观察溶液的澄清程度。直至试管内溶液开始出现浑浊为止。记录 $Dextran_{40}$ 溶液的加入量（mL），根据密度值求出质量（g）。然后，按表 12.6 所列第 2 号数据加入水，使其澄清（加水量根据点子的密集程度调节），继续向试管中滴加 $Dextran_{40}$ 溶液，使其再次达到浑浊。如此反复操作，计算每次达到浑浊时 PEG_{4000} 和

Dextran$_{40}$在系统总质量中的质量百分含量。

表 12.6   PEG$_{4000}$-Dextran$_{40}$双水相系统相图制作各试剂的加入量

序数	加水量/g	加 Dextran$_{40}$溶液/mL	PEG$_{4000}$/%	(NH$_4$)$_2$SO$_4$/%
1	0.3			
2	0.1			
3	0.1			
4	0.1			
5	0.1			
6	0.1			
7	0.1			
8	0.1			

【数据处理与实验结果】

1. 注明双水相系统相图制作时的温度。

2. 将 PEG$_{4000}$的百分含量为纵坐标，Dextran$_{40}$的百分含量为横坐标作图，即得到一条双节线的相图。

【思考题】

1. 双水相萃取相图制作的意义是什么？

2. 双水相萃取相图与哪些因素有关？

实验 12.5　双水相系统萃取超氧化物歧化酶

【实验目的】

1. 掌握蛋白质在双水相系统中的分配系数、萃取因子、萃取率的测定及计算方法。

2. 掌握 SOD 在双水相系统中的分配系数、萃取因子、萃取率的测定及计算方法。

【实验原理】

在双水相系统中，生物大分子物质与成相组分之间通过疏水键、氢键和离子键等相互作用而不同程度地分配在两相中，当萃取达到平衡时，蛋白质在上、下两相中的浓度之比称为分配系数，上、下两相中的体积之比称为相比，由分配系数和相比可求出萃取因子，由萃取因子可求出萃取率。

【实验材料及仪器】

1. 材料

实验 12.1 中留存的 SOD 粗酶液。

2. 试剂

PEG_{4000} 和 $Dextran_{40}$。

3. 器皿与仪器

器皿：玻棒，具塞试管，烧杯，移液枪，容量瓶，比色皿。

仪器：混匀器，分析天平，紫外-可见分光光度计。

【实验步骤】

1. 主要试剂的配制

（1）30% （m/V）的 PEG_{4000} 溶液

准确称取 PEG_{4000} 15g 于 100mL 小烧杯中，用去离子水溶解后，移入 50mL 容量瓶，定容。然后将其转移至试剂瓶。

（2）20% （m/V）的 $Dextran_{40}$

准确称取 $Dextran_{40}$ 10g 于 100mL 小烧杯中，用去离子水溶解后，移入 50mL 容量瓶，定容。然后将其转移至试剂瓶。

（3）待测溶液的配制

将实验 12.1 中留存的 SOD 粗酶液稀释 5 倍。

2. 双水相系统相比的测定

取 2.7mL 30% （m/V）的 PEG_{4000} 溶液、5.9mL 20% （m/V）的 $Dextran_{40}$、1.4mL 水于具塞试管中，混匀，静置分层后，读出上、下相的体积，求出相比。

3. PEG_{4000}-$Dextran_{40}$ 双水相系统萃取超氧化物歧化酶

取 3 支 20mL 具塞试管，按表 12.7 加入各试剂，混匀，静置分层后，读出上、下相的体积；以实验序号 1 为空白对照，测定实验序号 2、实验序号 3 的上、下相蛋白质含量及酶活力。

表 12.7　**PEG₄₀₀₀-Dextran₄₀ 双水相系统萃取 SOD 各试剂的加入量**　　　单位：mL

序号	PEG$_{4000}$ 溶液	Dextran$_{40}$ 溶液	水	样品液	上相体积	下相体积
1	2.7	5.9	1.4	0		
2	2.7	5.9	0.4	1		
3	2.7	5.9	0.4	1		

【数据处理与实验结果】

1. 计算相比。
2. 计算蛋白质的分配系数、萃取因子、萃取率。
3. 计算 SOD 的分配系数、萃取因子、萃取率。
4. 计算粗酶液中 SOD 经过 PEG$_{4000}$-Dextran$_{40}$ 双水相系统处理后的纯化倍数。

【思考题】

1. 为什么必须测试双水相系统上、下相的体积？
2. 何谓双水相系统的萃取率？

实验 12.6　热激和盐析法提取超氧化物歧化酶

【实验目的】

1. 掌握热变性沉淀蛋白的原理和方法。
2. 掌握硫酸铵沉淀蛋白的原理和方法。

【实验原理】

蛋白质包括酶的分离纯化方法有很多，主要有：根据蛋白质溶解度不同的分离方法，如蛋白质的盐析、等电点沉淀法、低温有机溶剂沉淀法等；根据蛋白质分子大小不同的分离方法，如透析与超滤、凝胶过滤等；根据蛋白质带电性质进行分离的方法，如电泳法、离子交换色谱法等；根据蛋白质热稳定性不同的分离方法，如热变性法等。

由于 SOD 是金属酶，其金属离子有益于酶的热稳定性，所以 SOD 对热比较稳定。一般情况下，SOD 表现出短时间的耐热性能。据资料报道，当反应温度为 60℃、时间为 15～30min 时对酶活性的影响不大。而一般杂蛋白在 55℃ 以上时就容易变性。因此，采用热激变性和硫酸铵偶合的方法对粗酶液进行处理，以除去一部分杂蛋白，再用硫酸铵沉淀 SOD。

蛋白质用盐析法沉淀分离后，需脱盐才能用离子交换柱色谱纯化，脱盐常用的方法为透析法。

蛋白质在溶液中因其胶体直径较大，不能透过半透膜，而无机盐及其他低分子物质可以透过，故利用透析法可以把经盐析法所得的蛋白质进一步纯化和脱盐。把蛋白质溶液装入透析袋内，将袋口扎紧，然后把它放进缓冲液中进行透析，这时盐离子通过透析袋扩散到缓冲液中，蛋白质分子量大，不能透过透析袋而被保留在袋内。

【实验材料及仪器】

1. 材料

透析袋和实验 12.1 中留存的 SOD 粗酶液。

2. 试剂

磷酸氢二钠，磷酸二氢钠，乙二胺四乙酸二钠，碳酸氢钠，硫酸铵，无水乙醇，核黄素，联大茴香胺盐酸盐，考马斯亮蓝 G250，磷酸。

3. 器皿与仪器

器皿：烧杯，量筒，具塞试管，带盖瓷盘，玻璃比色皿，剪刀，温度计，移液枪。

仪器：分析天平，光照培养箱，冷冻离心机，磁力搅拌器，水浴锅，紫外-可见分光光度计。

【实验步骤】

1. 透析袋的处理

将新买的透析袋剪成 20～30cm 小段，将其放入 50%（体积分数）乙醇慢慢煮沸 1h，再分别用 50%乙醇、10mmol/L 碳酸氢钠溶液、1mmol/L EDTA 溶液依次洗涤，最后用去离子水洗涤三次。去离子水洗净后浸泡在 20%乙醇溶液中，置于 4℃冰箱。使用时戴手套将透析袋取出，用去离子水将透析袋里外冲洗干净。

2. 热激与盐析偶合

加入已研磨的固体硫酸铵于粗酶液中，使其在 55℃下硫酸铵饱和度为 10%（100mL 粗酶液中加入 5.7745g 固体硫酸铵），搅拌，让硫酸铵溶解，置于 55℃水浴（用温度计测试水温，记下热激温度）中保温 45min，于 4℃下 8000g 离心 10min，将上清液转入量筒中，测体积。取 1.0mL 上清液于 2mL 离心管中，留存于 4℃冰箱，稀释后测蛋白质含量及酶活力，余下的上清液用于硫酸铵沉淀目标蛋白。

3. 盐析

加入已研磨的固体硫酸铵于热激与盐析偶合处理后的上清液中，使其在 25℃下硫酸铵的饱和度为 65%（100mL 热激与盐析偶合处理后的上清液中加入 36.4050g 固体硫酸铵），搅拌，让硫酸铵溶解，置于 25℃水浴中保温 1h，于 4℃下 8000g 离心 10min，弃去上清液，沉淀用 0.01mol/L pH7.8 磷酸盐缓冲溶液 4.0mL 溶解，于 4℃下 8000g 离心 10min，将上清液转入量筒中，测体积。取 1.0mL 上清液于 2mL 离心管中，留存于 4℃冰箱，稀释后测蛋白质含量及酶活力，余下的上清液用于透析。

4. 透析

将 3.中余下的上清液转入透析袋透析 1h（共换 4 次透析液），透析液为 0.01mol/L pH7.8 磷酸盐缓冲溶液。将透析后的 SOD 酶液转入量筒中，测体积。取 SOD 酶液 1.0mL 于 2mL 离心管中，留存于 4℃冰箱，稀释后测蛋白质含量及酶活力，余下的酶液置于 −20℃冰箱保存，用于色谱进一步分离纯化。

【数据处理与实验结果】

1. 计算热激与盐析偶合处理后的 SOD 酶液的比活，与粗酶液比较，SOD 的活性回收率和纯化倍数。

2. 计算盐析后的 SOD 酶液的比活，与粗酶液比较，SOD 的活性回收率和纯化倍数。

3. 计算透析后的 SOD 酶液的比活，与粗酶液比较，SOD 的活性回收率和纯化倍数。

4. 计算总酶活和酶活回收率时要考虑已用于测试蛋白质含量和酶活力的样品。

【思考题】

1. 为什么蛋白质用盐析法沉淀分离后，需脱盐才能用离子交换柱色谱纯化？

2. 为什么计算总酶活和酶活回收率时要考虑已用于测试蛋白质含量和酶活力的部分？

实验 12.7　纤维素离子交换柱色谱纯化超氧化物歧化酶

【实验目的】

1. 掌握纤维素离子交换柱色谱纯化蛋白质的原理。
2. 掌握纤维素离子交换柱色谱纯化蛋白质的方法。

【实验原理】

Cu•Zn-SOD 的 pI 为 6.8，透析后的 SOD 酶液，在 pH7.8 的条件下，Cu•Zn-SOD 带负电，通过 DEAE-52 纤维素阴离子交换柱可得到进一步纯化。

离子交换色谱是依据各种离子或离子化合物与离子交换剂的结合力不同而进行分离纯化的。离子交换色谱的固定相是离子交换剂，它是由一类不溶于水的惰性高分子聚合物基质通过一定的化学反应共价结合上某种电荷基团形成的。离子交换剂可以分为三部分：高分子聚合物基质、电荷基团和平衡离子。电荷基团与高分子聚合物共价结合，形成一个带电的可进行离子交换的基团。平衡离子是结合于电荷基团上的反离子。平衡离子带正电的离子交换剂能与带正电的离子发生交换作用，称为阳离子交换剂；平衡离子带负电的离子交换剂能与带负电的离子发生交换作用，称为阴离子交换剂。

离子交换剂有阳离子交换剂（如羧甲基纤维素，carboxymethyl-cellulose，CM-C）和阴离子交换剂（二乙氨基乙基纤维素，diethylaminoethyl-cellulose，DEAE-C），当被分离的蛋白质溶液流经离子交换色谱柱时，带有与离子交换剂的活性离子相同电荷的蛋白质被吸附在离子交换剂上，随后用缓冲液将吸附的蛋白质洗脱下来。

【实验材料及仪器】

1. 材料

DEAE-52 和实验 12.5 中留存的 SOD 酶液。

2. 试剂

磷酸氢二钠，磷酸二氢钠，氯化钠，核黄素，联大茴香胺盐酸盐，考马斯亮蓝 G250，无水乙醇，磷酸，盐酸，氢氧化钠，pH 标定缓冲盐。

3. 器皿与仪器

器皿：烧杯，量筒，具塞试管，带盖瓷盘，玻璃比色皿，过滤头，注射器，温度计，移液枪。

仪器：分析天平，光照培养箱，酸度计，磁力搅拌器，水循环真空泵，抽滤器，水浴锅，紫外-可见分光光度计，玻璃色谱柱，部分收集器，恒流泵。

【实验步骤】

1. 主要试剂的配制

（1）pH7.8 的 0.1mol/L PBS 缓冲液

称取 Na_2HPO_4 32.7698g、NaH_2PO_4 1.3261g 于 200mL 烧杯中，用去离子水溶解，定容至 1000mL，转移至 1000mL 试剂瓶。

（2）0.2mol/L NaCl 溶液

准确称取 11.7g NaCl 于 100mL 烧杯中，用 pH7.8 的 0.01mol/L PBS 溶解，定容至 1000mL，转移至 1000mL 试剂瓶。

2. DEAE-52 离子交换剂的活化

DEAE-52 离子交换剂的活化过程为：DEAE-52 是弱碱型阴离子交换剂，使用之前要活化。先将 DEAE-52 阴离子交换剂干粉浸泡于去离子水中过夜，让其充分溶胀，第二天除去漂浮杂质。然后在 0.5mol/L 的 HCl 溶液中浸泡 2h，用抽滤器抽干，再用去离子水洗至 pH 为中性，抽干，将抽干的离子交换剂浸泡在 0.5mol/L 的 NaOH 溶液中 2h，抽干，再用去离子水洗至 pH 为中性，抽干，用于装柱。

3. 色谱柱的装填

将色谱柱清洗干净垂直固定好，加 1/3 柱体积的去离子水，让其出液口水流畅通。向抽干的填料中加入一定量去离子水，用玻棒轻轻搅拌使其混匀，然后沿着玻璃棒将填料倒入色谱柱中，让填料自然沉降，填料装填后，最后放入略小于色谱柱内径的圆形小滤纸片，以防将来加样时凝胶被冲起。

4. DEAE-纤维素柱色谱

平衡：用 pH7.8 的 0.01mol/L PBS 平衡 3～4 个柱床体积，流速控制在 1mL/min。

上样：DEAE-纤维素柱平衡后，柱床会降低，用移液器将床层上部的水吸出，以防进样后样品扩散。将透析后的酶液过滤后上样 2.0mL。

洗脱：继续用 pH7.8 的 0.01mol/L PBS 洗涤 2～3 个柱床体积以冲洗掉未吸附的蛋白质，然后用 0.2mol/L NaCl 溶液洗脱，流速为 1mL/min，每 5min 收集一管。检测每管的蛋白质含量和酶活力，收集有活性的部分，合并后置于-20℃冰箱。

再生：用 0.5mol/L NaOH 溶液冲洗 2～3 个柱床体积，然后用去离子水冲洗 2～3 个柱床体积，再用 20％乙醇冲洗 1～2 个柱床体积。

【数据处理与实验结果】

1. 以洗脱体积为横坐标、蛋白质含量和 SOD 酶活力为纵坐标，绘制 SOD 离子交换色谱洗脱曲线。

2. 计算色谱分离后的 SOD 酶液的比活，与粗酶液比较，SOD 的活性回收率和纯化倍数。

【思考题】

1. 如何预防色谱柱干裂？

2. 色谱柱装填不均匀或有气泡、干裂，将会造成什么后果，为什么？

第 13 章　生物反应工程实验

实验 13.1　LB 法测定碱性磷酸酶的动力学参数

【实验目的】

1. 了解碱性磷酸酶的酶切位点，理解底物浓度对酶促反应速率的影响。
2. 掌握米氏方程、K_m、v_{max} 值的物理意义及双倒数作图求取 K_m、v_{max} 的方法。

【实验原理】

米氏常数 K_m 等于反应速率达到最大反应速率一半时的底物浓度，米氏常数的单位就是浓度单位（mol/L 或 nmol/L）。

在酶动力学性质的分析中，米氏常数 K_m 是酶的一个基本特性常数，它包含着酶与底物结合和解离的性质。特别是同一种酶能够作用于几种不同的底物时，米氏常数 K_m 可以反映出酶与各种底物的亲和力的强弱，K_m 值越大，说明酶与底物的亲和力越弱；反之，K_m 值越小，酶与底物的亲和力越强，K_m 值最小的底物就是酶的最适底物。

本实验以碱性磷酸酶为对象，磷酸苯二钠为其作用物，碱性磷酸酶能分解磷酸苯二钠产生酚和磷酸，在适宜条件下，准确反应 15min。在碱性条件下酚可与酚试剂生成蓝色化合物，以波长 660nm 比色。在一定条件下色泽深浅与吸光值成正比。反应式如下：

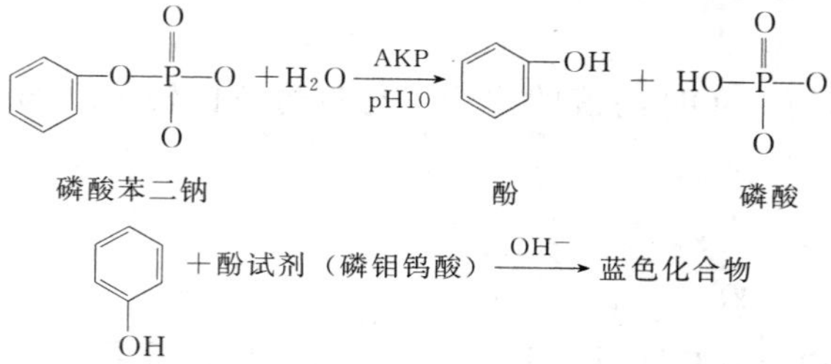

然后以吸光值的大小间接表示不同底物浓度时的酶反应速率（思考这样处理的原理及合理性），即以吸光值的倒数作纵坐标，以底物浓度的倒数作横坐标，按 Lineweaver-Burk 作图法来测定碱性磷酸酶的 K_m 和 v_{max} 值。

【实验材料及仪器】

1. 试剂与材料

磷酸苯二钠，碱性磷酸酶，磷钼钨酸，Na_2CO_3，$NaHCO_3$，称量纸。

2. 溶液

磷酸苯二钠溶液（2.5mmol/L）：盛于棕色瓶，冰箱内保存。

0.1mol/L 碳酸盐缓冲溶液（pH＝10）：Na_2CO_3 1.5875g，NaHCO$_3$ 0.84g，蒸馏水溶解至 250mL。

碱性磷酸酶溶液：碱性磷酸酶 25mg，用去离子水定容至 50mL，冰箱保存。

10％ Na_2CO_3 溶液：Na_2CO_3 10g，蒸馏水溶解至 100mL。

3. 器皿与仪器

恒温水浴锅，721型分光光度计，试管，移液枪，烧杯，锥形瓶，容量瓶，量筒，电子天平。

【实验步骤】

取 6 支试管按下表加入试剂：

项 目	0	1	2	3	4	5
2.5mmol/L 磷酸苯二钠/mL	1.0	0.2	0.4	0.6	0.8	1.0
蒸馏水/mL	0.2	0.8	0.6	0.4	0.2	—
碱性缓冲液(pH10.0)/mL	1.0	1.0	1.0	1.0	1.0	1.0

混匀后，37℃预温 5min。注意：碱性磷酸酶溶液应先放入水浴锅中预热达到37℃，再滴加到试管中参与反应

碱性磷酸酶液/mL	—	0.2	0.2	0.2	0.2	0.2

混匀后，37℃水浴 15min（准确计时）。
注意：1. 加入碱性磷酸酶溶液要快速、准确（用移液枪加）；
　　　2. 酶促反应溶液的总体积2.2mL；
　　　3. 第 0 管不加酶，基本无反应

酚试剂/mL	1.0	1.0	1.0	1.0	1.0	1.0
10％ Na_2CO_3/mL	2.0	2.0	2.0	2.0	2.0	2.0

混匀后，37℃水浴 15min（准确计时）。
注意：1. 酚试剂为显色剂，同时为酶的变性剂，故加入酚试剂后酶促反应停止；
　　　2. Na_2CO_3 提供碱性环境，加入 Na_2CO_3 后试剂才显色，37℃水浴使显色充分

注意：**0 号管切勿加酶！**

【数据处理与实验结果】

（1）将各管吸光值和底物浓度记入下表：

管号	1	2	3	4	5
OD_1					
OD_2					
OD_3					
OD(均值)					
1/OD					
[S]					
1/[S]					

（2）以 1/OD 为纵坐标，1/[S] 为横坐标，按 Lineweaver-Burk 作图，求出碱性磷酸酶的 K_m 值和 v_{max} 值，并分析实验结果。

【思考题】

1. 除双倒数法测定米氏常数外，还可采用哪些作图法测定；采用双倒数法测定米氏常数的主要缺点是什么？

2. 反应时间 15min 是经实验得出的较好结果，分析时间过长或过短有何影响？

实验 13.2　游离碱性磷酸酶与固定化碱性磷酸酶的动力学参数比较

【实验目的】

1. 掌握作图法测定酶动力学参数的原理，理解酶动力学参数的意义。
2. 掌握固定化酶的原理和方法，了解固定化酶动力学参数变化的原因。

【实验原理】

固定化酶以其稳定性高、可反复使用、便于实现生产连续化和自动化等优点而日益广泛应用。由于酶的固定化在酶分子的构象、酶与底物接触的位置、酶的微环境以及扩散限制等方面均有可能对酶的反应动力学产生影响，因此，对游离酶和固定化酶的动力学参数进行比较研究十分必要。

固定化酶的动力学形式包括本征动力学、固有动力学和表观动力学。鉴于固有动力学和表观动力学与游离酶相差太大，本实验在对碱性磷酸酶采用包埋法进行固定化的基础上，只讨论其本征动力学，即固定化酶的动力学仍满足米氏方程。因此，可通过动力学参数 K_m 与 v_{max} 值的大小来反映酶在固定化前后活性的变化。

碱性磷酸酶的反应及测定原理同实验 13.1。

【实验材料及仪器】

1. 试剂与材料

磷酸苯二钠，碱性磷酸酶，磷钼钨酸，Na_2CO_3，$NaHCO_3$，称量纸，滤纸，KCl，卡拉胶。

2. 溶液

磷酸苯二钠溶液（2.5mmol/L）：盛于棕色瓶，冰箱内保存。

0.1mol/L 碳酸盐缓冲溶液（pH=10）：Na_2CO_3 1.5875g，$NaHCO_3$ 0.84g，蒸馏水溶解至 250mL。

碱性磷酸酶溶液：碱性磷酸酶 25mg，用去离子水定容至 50mL，冰箱内保存。

5% KCl 溶液：5g KCl 蒸馏水溶解并定容至 100mL。

4%卡拉胶液：0.8g 卡拉胶溶解在 20mL 蒸馏水中，加热煮沸，冷却到 50~60℃。

10% Na_2CO_3 溶液：Na_2CO_3 10g，蒸馏水溶解至 100mL。

3. 器皿与仪器

恒温水浴锅，摇床，721 型分光光度计，试管，移液枪，烧杯，锥形瓶，容量瓶，量筒，电子天平，小刀。

【实验步骤】

1. 游离碱性磷酸酶的动力学参数求取

取 6 支试管按下表加入试剂：

项目	0	1	2	3	4	5
2.5mmol/L 磷酸苯二钠/mL	1.0	0.2	0.4	0.6	0.8	1.0
蒸馏水/mL	0.2	0.8	0.6	0.4	0.2	—
碱性缓冲液(pH10.0)/mL	1.0	1.0	1.0	1.0	1.0	1.0

混匀后,37℃预温 5min。
注意:碱性磷酸酶溶液应先放入水浴锅中预热达到37℃,再滴加到试管中参与反应

碱性磷酸酶液/mL	—	0.2	0.2	0.2	0.2	0.2

混匀后,37℃水浴 15min(准确计时)。
注意:1. 加入碱性磷酸酶液要快速、准确(用移液枪加);
　　　2. 酶促反应溶液总体积为 2.2mL;
　　　3. 第 0 管不加酶,基本无反应

酚试剂/mL	1.0	1.0	1.0	1.0	1.0	1.0
10% Na_2CO_3/mL	2.0	2.0	2.0	2.0	2.0	2.0

混匀后,37℃水浴 15min(准确计时)
注意:1. 酚试剂为显色剂,同时为酶的变性剂,故加入酚试剂后酶促反应停止;
　　　2. Na_2CO_3 提供碱性环境,加入 Na_2CO_3 后试剂才显色,37℃水浴使显色充分

注意:0 号管切勿加酶!

2. 固定化碱性磷酸酶的动力学参数求取

(1) 碱性磷酸酶的固定化包埋

将 5mL 在水浴锅中保温好的酶液倒入 4% 50～60℃ 的卡拉胶溶液中,并搅拌均匀,冷却,待完全固化后,用 5% 的 KCl 溶液浸泡 30min。将浸泡好的固定化酶取出,滤纸吸干,用小刀将其切成 3mm×3mm 的小块。

(2) 碱性磷酸酶凝胶颗粒的动力学参数求取

称取固定化酶 25g,共 5 份,每份 5g,取 6 只 50mL 锥形瓶,按下表加入试剂:

项目	0	1	2	3	4	5
2.5mmol/L 磷酸苯二钠/mL	10	2	4	6	8	10
蒸馏水/mL	2	8	6	4	2	—
碱性缓冲液(pH10.0)/mL	10	10	10	10	10	10

混匀后,37℃预温 5min。
注意:碱性磷酸酶颗粒应先放入水浴锅中预热到37℃,再加到锥形瓶中参与反应

碱性磷酸酶凝胶颗粒/g	—	5	5	5	5	5

混匀后,37℃摇床反应 15min(准确计时)。
注意:1. 酶促反应溶液总体积为 20mL;
　　　2. 0 号瓶不加酶,基本无反应

酚试剂/mL	1.0	1.0	1.0	1.0	1.0	1.0
10% Na_2CO_3/mL	2.0	2.0	2.0	2.0	2.0	2.0

混匀后,37℃水浴 15min(准确计时)。
注意:1. 酚试剂为显色剂,同时为酶的变性剂,故加入酚试剂后酶促反应停止;
　　　2. Na_2CO_3 提供碱性环境,加入 Na_2CO_3 后试剂才显色,37℃水浴使显色充分

注意:0 号瓶切勿加酶!

【实验结果与分析】

（1）将各管和各瓶吸光值和底物浓度记入下表：

管号/瓶号	1	2	3	4	5
OD_1					
OD_2					
OD_3					
OD（均值）					
1/OD					
[S]					
1/[S]					

（2）以 1/OD 为纵坐标，1/[S] 为横坐标，按 Lineweaver-Burk 作图，求出游离碱性磷酸酶和固定化碱性磷酸酶的 K_m 和 v_{max} 值，并分析实验结果。

【思考题】

1. 固定化酶的方法有哪些？本实验中采用的方法是什么？有什么优点？

2. 与本实验中固定化碱性磷酸酶的动力学参数相比较，游离酶有何变化？其原因有哪些？

实验 13.3　亚硫酸钠氧化法测定气液接触过程的体积传质系数 $K_L a$

【实验目的】

1. 掌握应用亚硫酸钠氧化法测定溶氧体积传质系数 $K_L a$ 值的原理和方法。

2. 理解通气、搅拌等因素对发酵罐内气液接触过程的体积传质系数 $K_L a$ 的影响机制。

【实验原理】

亚硫酸钠溶液，在铜或钴离子作为催化剂的作用下，能与液相中的溶解氧迅速反应，使亚硫酸根氧化为硫酸根，其氧化反应速率在较大范围内与亚硫酸根浓度无关。由于氧是较难溶解于水的气体，因而氧的溶解速率要比液相中氧的消耗速率慢得多，氧分子一经渗入液相，就立即被还原，可以认为在整个实验中，液相中的氧浓度为零。

在 25℃ 及 0.1MPa 下，亚硫酸钠溶液中，经测定 $c^* = 0.21 mg(O_2)/L$。只要测得 N_a 值，就可以计算出 $K_L a$ 值。

【实验材料及仪器】

1. 试剂与材料

无水 Na_2SO_3，$CuSO_4$，I_2，$Na_2S_2O_3$，称量纸，滤纸。

2. 溶液

0.1mol/L 碘液：盛于棕色瓶，冰箱内保存。

0.1mol/L $Na_2S_2O_3$ 溶液：盛于棕色瓶，冰箱内保存。

3. 器皿与仪器

锥形瓶，烧杯，移液枪，碘量瓶，容量瓶，量筒，机械搅拌式通风发酵罐，电子天平。

【实验步骤】

1. 发酵罐清洗，试运转

反复清洗发酵罐 2～3 次，检查通气装置和转子流量计。

2. 装罐

准确称取 31.5g Na_2SO_3，放置于烧杯中，用 1L 水溶解，待 Na_2SO_3 全部溶解后，倒入发酵罐中；准确称取 0.5g $CuSO_4$ 并溶解于少量水中，将 $CuSO_4$ 溶液倒入发酵罐中；在室温下，开动搅拌通气，调节搅拌转速 n 和通气量 Q。

3. 取样测定

开始计时，每隔一定时间（5min）取样 1mL，分析其中的 Na_2SO_3 含量（取 5 个样），$Na_2S_2O_3$ 滴定法测定其中 Na_2SO_3 的含量。调节通气量或搅拌转速，重复上面的实验，要求改变实验条件，做 3 个条件实验。

【实验结果与分析】

1. 结果记录

时间/min	5	10	15	20	25
转速： 气量：					
转速： 气量：					
转速： 气量：					
转速： 气量：					
转速： 气量：					
转速： 气量：					

2. 数据处理和计算

按照上面的数据，计算 N_a 和 K_La。

条件	转速： 气量：	转速： 气量：	转速： 气量：	转速： 气量：	转速： 气量：	转速： 气量：
$\Delta V/\Delta t$						
N_a						
K_La						

绘制转速 n 和 K_La 的关系图，气量 Q 和 K_La 的关系图

【思考题】

1. 亚硫酸钠氧化法测定 K_La 具有哪些优势，其局限又有哪些？

2. 转速、通气量、Na_2SO_3 浓度等因素对发酵罐体积传质系数 K_La 有何影响？

实验 13.4　动态法测定间歇生物反应器的溶氧体积传质系数 K_La

【实验目的】

1. 掌握运用动态法测定溶氧体积传质系数 K_La 值的原理和方法。
2. 理解搅拌转速对 K_La 的影响机制。
3. 熟悉溶氧电极测定溶解氧浓度的基本过程。

【实验原理】

单位体积发酵的氧传递系数 K_La 可称为"通气效率"，可以用来表征发酵罐的通气情况。由于各发酵罐设备情况不同以及整个发酵过程中培养液物理性质的变化，K_La 不是常数，通过 K_La 的测定，就可以了解发酵过程中氧的传递效果的好坏，对提高氧的利用率和增产节能都有着重要意义。

1. 根据电极显示值计算 c 值

如果温度为 T 时，水被空气所饱和，可得到氧分压式：

$$p_{O_2} = (p - p_{H_2O}) Y_{O_2}^{空气} \tag{13.1}$$

式中，p 表示总压；p_{H_2O} 表示水蒸气压，即 $f(T)$；$Y_{O_2}^{空气}$ 表示空气中氧的摩尔分数（0.21）。

当总压为 1bar（1bar＝10^5Pa）、温度为 20℃时，$p_{O_2} = (1 - 2.34 \times 10^{-2}) \times 0.21 = 0.205$（bar）

将水蒸气分压忽略，则

$$p_{O_2} = 0.21 bar$$

相应的浓度可根据 Henry 定律计算：

$$H = \frac{p_{O_2}}{X_{O_2}^*} \tag{13.2}$$

式中，$X_{O_2}^*$ 表示液相中氧的摩尔分数，为 $\left(\dfrac{c}{\sum\limits_{i=1}^{n} c_i}\right)$，$\dfrac{c}{\sum\limits_{i=1}^{n} c_i} \approx$ 水的摩尔浓度 $= \dfrac{1000}{18} = 55.55$；温度 $T = 30$℃时水中的亨利常数：$H(T = 30℃) = 4.81 \times 10^4$ bar。

$$c^{*a} = \frac{0.21 \times 55.55}{4.81 \times 10^4} = 2.42 \times 10^{-4} \, mol/L$$

即空气氧饱和浓度值 $c^{*a} = 2.42 \times 10^{-4}$ mol/L

将电极显示值 E（%饱和）换算成氧浓度为：

$$c(mol/L) = \frac{E}{100} \times c^{*a} = \frac{E}{100} \times 2.42 \times 10^{-4} \tag{13.3}$$

2. K_La 的测定

可以运用动态测定法获得 K_La 值，此法就是在非稳定时用下列衡算式：

$$\frac{dc}{dt} = K_L a(c^{*a} - c) - r_{O_2} \tag{13.4}$$

首先观察暂停通气后 c 值随时间的下降速率，即下降直线的斜率求得摄氧率 r_{O_2} 值，其次再观察重新通气时的 c 值。

将衡算式加以整理：

$$c = \frac{1}{-K_L a}\left(\frac{dc}{dt} + r_{O_2}\right) + c^{*a} \tag{13.5}$$

$\frac{dc}{dt}$ 即一定的溶解氧浓度对应的曲线在该点处的斜率。

将重新通气后的过渡阶段 c 值对应于 $\frac{dc}{dt} + r_{O_2}$ 值作图，应当得到一直线，这条直线的斜率就表示 $\left(\frac{1}{-K_L a}\right)$ 值。

【实验材料及仪器】

1. 材料与试剂

大肠杆菌（$E.\ coli$ BL21），胰蛋白胨，琼脂，氯化钠，酵母浸提物，硅油消泡剂，棉塞，棉线，棉花，牛皮纸，微孔滤膜（$0.22\mu m$），滤纸。

2. 溶液

饱和亚硫酸钠溶液：取亚硫酸氢钠10g，加水使溶解成30mL，即得。

3. 器皿与仪器

试管，培养皿，接种环，锥形瓶，酒精灯，镊子，溶氧电极，自动高压蒸汽灭菌器，机械搅拌式通风发酵罐，恒温摇床，恒温培养箱，超净工作台，低温冰箱。

【实验步骤】

1. 溶解氧（DO）浓度的测定

（1）将组装好的氧电极与测定装置连接好，插入水中，接通电源约5min（长时间未使用的氧电极预热约30min）。

（2）将氧电极浸入饱和亚硫酸钠溶液（无氧水）中，DO值减小到一定后，调节溶氧仪的调节旋钮，使仪表指针至零点。

（3）从无氧水中取出氧电极后，用水冲洗，并用滤纸吸去覆膜上的水滴后将氧电极插入已充分通入空气的纯水中，至指针稳定后，调节校正旋钮使指针与饱和DO值吻合。

（4）重复（2）、（3）两步骤，使显示数值稳定在一定范围。

2. $K_L a$ 的测定

（1）将培养基加入至发酵罐，插入调整好的氧电极，设定好相应的温度、通风量及搅拌转速。

（2）连接氧电极输出端。

（3）接入适量的种子液，开始培养。

（4）培养一定时间，此时DO值为一定，停止通气。

（5）当DO值下降至1~2mg/kg时，通气，DO值迅速回升，渐渐恢复至原值。

（6）进行不少于3个搅拌转速条件下的测定，每一搅拌转速条件至少进行2次测定。

【数据处理与实验结果】

1. r_{O_2} 值的计算（c 值对时间作图）。

2. c 值对应的曲线在该点处的斜率即 $\dfrac{dc}{dt}$。

3. c 值对应于 $\dfrac{dc}{dt} + r_{O_2}$ 值作图，直线斜率为 $K_L a$。

实验数据及结果记录于下表中。

搅拌转速/(r/min)	$T/℃$	c^{*a}	E	c	$K_L a$
400					
600					
800					

【思考题】

1. 与亚硫酸钠氧化法测定 $K_L a$ 相比，动态电极法测定 $K_L a$ 具有哪些优势？

2. 怎样求一定的溶解氧浓度对应的曲线在该点处的斜率？若采用积分法，其优点是什么？

实验 13.5 微生物反应器的反应性能测定

【实验目的】

1. 进一步理解生物反应器 BSTR（间歇式搅拌槽反应器）和 CSTR（连续式搅拌槽反应器）的反应性能。
2. 掌握微生物菌体在反应器中生长的规律。
3. 掌握间歇式和连续式生物反应器的有关操作。

【实验原理】

间歇式搅拌槽反应器是一类常用的微生物反应器。其主要特征是分批进料和卸料，因此其操作时间由两部分组成：一是辅助时间；二是进行反应所需的时间，即开始进行反应直至达到所要求的反应程度为止所需的时间。由于搅拌的作用，反应器内的物料充分混合，浓度均匀，反应器内物系的组成仅随反应时间而变。对于菌体浓度而言，随着反应的进行，微生物菌体的浓度不断增加，其菌体浓度变化的规律基本上符合 Monod 方程。

连续式搅拌槽反应器的反应性能和间歇反应器有明显的不同。其主要特征是，反应物连续稳定地加入反应器中，同时反应产物也连续稳定地流出反应器，并保持反应体积不变。当反应器操作达到稳定时，反应器内物系的组成不随时间而变，同时由于反应器内的搅拌，使得物系在空间上达到充分混合，物系组成也不随空间位置而变，此时反应器内物系的组成和反应器出口的组成相同。对应于一定的进料流量，反应器内的物系有一定的组成，对于菌体浓度而言，随着流量的增大，菌体浓度变小，当进料流量达到一定值时，反应器内的菌体浓度可以为零，这时称为反应器操作的洗出点。

【实验材料及仪器】

1. 材料与试剂

酿酒酵母，硫酸铵，蛋白胨，磷酸二氢钾，硫酸镁，氯化钙，琼脂，酵母膏，葡萄糖，硅油消泡剂，棉塞，棉线，棉花，牛皮纸，微孔滤膜（0.22μm），滤纸。

2. 培养基

葡萄糖 20g/L，硫酸铵 4g/L，蛋白胨 5g/L，磷酸二氢钾 1g/L，硫酸镁 0.5g/L，氯化钙 0.2g/L，酵母膏 1g/L。

3. 器皿与仪器

试管，培养皿，接种环，锥形瓶，酒精灯，镊子，自动高压蒸汽灭菌器，721 型分光光度计，微型计量泵（蠕动泵），机械搅拌式通风发酵罐，恒温摇床，恒温培养箱，超净工作台，低温冰箱。

【实验步骤】

1. 间歇反应器反应性能试验

加入一定体积的反应培养基，按 10% 的接种量加入酿酒酵母种子液。30℃ 时，控制一定的搅拌转速和通气量进行反应。每隔 30min，取一定量的反应液，在 540nm 处测定其 OD 值。

2. 连续反应器反应性能试验

在间歇反应一定时间后，控制反应器内的反应体积在一较小值，在间歇反应条件下，用蠕动泵连续加入培养基，并控制出料阀门，使出料量等于进料量，以维持反应器内的液面位置不变，这时反应器在某一稀释率下进行连续反应。

当一定时间后连续反应达到稳定时，取样在540nm处分析反应液的OD值。调节进料流量和出料流量，使连续反应器在另一稀释率下反应。流量的调节是从小到大，直至某一流量下反应器的操作达到洗出，完成试验。

【实验结果与分析】

1. 实验数据记录

间歇式实验结果记录

时间/h	0	1.0	2.0	3.0	4.0	4.5	5.0	5.5	6.0
$c_{glucose}$									
OD									

连续式实验结果记录

稀释率	0.4		0.6		0.8	
	30min	40min	30min	40min	30min	40min
$c_{glucose}$						
OD						

2. 数据处理

在坐标纸上分别绘制间歇式菌体浓度随时间变化的曲线、连续式菌体浓度随加料量变化的曲线。

根据曲线图中数据，计算连续式操作过程中的比生长速率 μ、最大比生长速率 μ_{max} 和饱和常数 K_s。

$\mu(1h)$	$\mu(3h)$	$\mu(6h)$	μ_{max}	K_s

【思考题】

1. 间歇培养过程中迟滞期的长短如何调整？如何判断连续培养中洗出点？
2. 在连续培养过程中，什么情况下达到最佳稀释率？洗出点的稀释率为多少？

实验 13.6 连续搅拌槽式反应器停留时间分布的测定

【实验目的】

1. 掌握示踪法测定连续搅拌槽式反应器的停留时间分布。
2. 了解反应器内流体的混合特性。
3. 理解流体混合特性与反应器设计、操作的关系。

【实验原理】

停留时间分布的实验测定方法是示踪应答法，用示踪剂跟踪流体在系统内的停留时间。根据示踪剂加入方式的不同，可分为脉冲法和阶跃法。

脉冲法是在设备内流体流动达到稳定之后，在一短的时间内，在系统入口处向流进系统的流体中加入一定量的示踪剂，同时在出口处检测流出物料中示踪剂浓度随时间的变化。对于实验中采集的离散型数据，可采用下式计算停留时间分布的密度函数：

$$E(t) = \frac{c(t)}{\sum_0^\infty c(t)\Delta t} \tag{13.6}$$

阶跃法是将系统中作稳态流动的流体切换为流量相同的含有示踪剂的流体，或者相反。前一种称为升阶法；后一种称为降阶法。阶跃法与脉冲法的根本区别是前者连续向系统中加入示踪剂，一直到实验测定结束，而后者则是在一段短的时间内加入全部示踪剂。对于实验中采集的离散型数据，可采用下式进行计算停留时间分布函数：

$$F(t) = \frac{V \cdot c(t)\mathrm{d}t}{V \cdot c(\infty)\mathrm{d}t} = \frac{c(t)}{c(\infty)} \tag{13.7}$$

【实验材料及仪器】

1. 材料与试剂

罗丹明 B，称量纸，滤纸。

2. 器皿与仪器

微型计量泵（蠕动泵），721 型分光光度计，机械搅拌槽式生物反应器，烧杯，量筒，容量瓶。

【实验步骤】

1. 脉冲法测定

(1) 测定蠕动泵流量，确定反应器内溶液体积（$V_R = 30V_0$）和反应器出口流量。

(2) 调节反应器出口流量，保持进出流量一致。

(3) 待达到稳态后，将 0.01g/mL 的罗丹明 B 溶液 1mL 迅速倒入，开始计时。

(4) 每隔 5min 取样，于 550nm 处测定吸光值，总共测定 2h。

2. 阶跃法测定

(1) 清洗反应器后，在反应器中加入相同体积的水，开启搅拌（300r/min）。

(2) 调节蠕动泵，保持进出流量一致。

（3）待达到稳态后，将泵进口接到 10^{-5} g/mL 的罗丹明 B 溶液中，待溶液刚滴入反应器时开始计时。

（4）每隔 5min 取样于 550nm 处测定吸光值，总共测定 2h。

【实验结果与分析】

1. 实验数据记录

① 脉冲法

时间/min	5	10	15	20	25	30	35	40	45	50	55
OD											
时间/min	60	65	70	75	80	85	90	95	100	105	110
OD											

② 阶跃法

时间/min	5	10	15	20	25	30	35	40	45	50	55
OD											
时间/min	60	65	70	75	80	85	90	95	100	105	110
OD											

2. 数据处理与分析

① 在坐标纸上分别绘制停留时间分布密度函数图（脉冲法）和停留时间分布函数图（阶跃法），通过脉冲法、阶跃法测定的数据计算分布密度函数、分布函数。

t/min	脉冲法			阶跃法	
	$c(t)$	$E(t)$	$F(t)$	$c(t)$	$F(t)$
0					
5					
10					
15					
20					
25					
30					
35					
40					
45					
50					
55					
60					
65					
70					
75					

t/min	脉冲法			阶跃法	
	$c(t)$	$E(t)$	$F(t)$	$c(t)$	$F(t)$
80					
85					
90					
95					
100					
105					
110					

② 计算平均停留时间 $\bar{t}$ 和方差 σ_θ^2。

t/min	脉冲法			阶跃法		
	$c(t)$	$tc(t)$	$t^2c(t)$	$c(t)$	$tc(t)$	$t^2c(t)$
0						
5						
10						
15						
20						
25						
30						
35						
40						
45						
50						
55						
60						
65						
70						
75						
80						
85						
90						
95						
100						
105						
110						
115						
120						
$\bar{t}$						
σ_θ^2						
σ_θ^2						

【思考题】

1. 试分析实验过程中使用的反应器是否为理想反应器，为什么？
2. 如何能够使得反应器更接近理想反应器？

第 14 章　酶工程实验

实验 14.1　温度和 pH 值对 β-葡萄糖苷酶活力的影响

【实验目的】

1. 学习与掌握温度和 pH 值影响酶活力的实质。
2. 学习和掌握 β-葡萄糖苷酶活力的测定方法。
3. 学习与掌握葡萄糖生物传感分析仪的使用方法。

【实验原理】

纤维二糖（celloliose）是纤维素不完全水解的产物，也是纤维素的基本结构单元，其结构如图 14.1 所示，是由两分子葡萄糖以 β-1,4-糖苷键连接而成。纤维二糖中的 β-1,4-糖苷键可以被 β-葡萄糖苷酶水解，产生两分子的葡萄糖。可以通过测定一定条件下单位时间内水解产生的葡萄糖，来分析酶水解的性能。

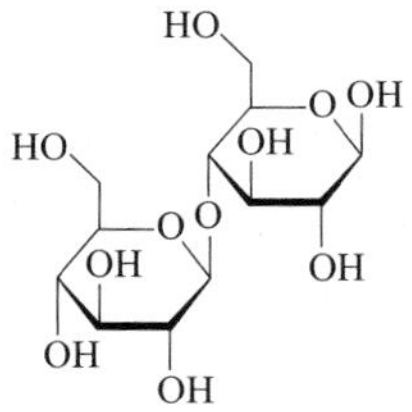

图 14.1　纤维二糖的结构式

温度和 pH 值是影响酶活性的两个重要外部因素。酶反应对温度十分敏感，温度既能影响化学反应本身，也能影响酶的稳定性，还可影响酶的构象和催化机制。通常酶反应，温度变化 1℃，反应速率可相差 10％。因此测定酶活需要保持恒定温度，最好控制在 ±0.1℃范围。酶反应对 pH 值非常敏感，因为不同的质子浓度改变酶活性中心的解离状态，升高或降低酶活，甚至破坏酶的结构与构象导致酶失活。故酶活测定时要注意选择适当的 pH 值，并维持在这一范围内。

通过测定不同温度和 pH 值下酶的活力来探讨其对酶活的影响。本实验通过测定单位时间内葡萄糖的生成量来测定酶活。葡萄糖浓度采用生物传感分析仪进行测定，其原理是采用特殊设计的葡萄糖氧化酶膜电化学传感器对葡萄糖浓度进行检测。仪器自动采集样本并导入至测试区域。样本中所含的葡萄糖在固化的葡萄糖氧化酶的催化下发生酶解反应，反应产物为葡萄糖酸和过氧化氢。通过电极检测过氧化氢的含量，从而计算出葡萄糖含量。仪器通过对已知浓度的标准品进行标定，标准品的电压值是衡量样本葡萄糖浓度的尺度。待测样品的浓度可与标准品的电压信号相比较而获得。每次测定完毕，系统缓冲液会自动清洗传感器电极，清洗完成后即可进行下一次测试。

【实验材料及仪器】

1. 材料与试剂

纤维二糖，β-葡萄糖苷酶，D-葡萄糖（无水），柠檬酸，柠檬酸钠，氢氧化钠、叠氮化钠。

2. 器皿和仪器

恒温水浴振荡器，葡萄糖生物传感分析仪，pH 计，微量移液器，20mL 具塞刻度试管，试管架，玻璃烧杯，7mL 离心管，250mL 锥形瓶。

3. 溶液

1mol/L 柠檬酸缓冲液：将 210g 一水合柠檬酸溶于 750mL 去离子水中，加入 50～60g 固体氢氧化钠至 pH4.3 左右，加水定容至 1L，调节 pH 值至 4.5。使用时将缓冲液稀释至 50mmol/L，调节 pH 至 4.8。

15mmol/L 纤维二糖溶液：称取 5.13g 纤维二糖溶于 1L 50mmol/L 的柠檬酸缓冲液中。

【实验步骤】

1. pH 值对 β-葡萄糖苷酶活力的影响

（1）将柠檬酸缓冲液分成 5 份于 250mL 锥形瓶中，每份 50mL，分别将 pH 值调节至 3.0、4.0、5.0、6.0、7.0，然后用对应的缓冲液将 β-葡萄糖苷酶至少做 2 个不同的稀释，使得酶水解时其中 1 个释放的葡萄糖略高于 1mg，另外 1 个略低于 1mg，取 1mL 于 50℃水浴摇床中预热。用配制好的不同 pH 值的柠檬酸缓冲液分别配制 15mmol/L 的纤维二糖溶液，在预热好后各加入 1mL，此外，需要做空白实验，其中底物空白为：1.0mL 的柠檬酸缓冲液＋1.0mL 的纤维二糖溶液。酶空白为：1.0mL 适当稀释的酶液＋1.0mL 的柠檬酸缓冲液，向各组样品及对照组中均加入 50mg/L 的叠氮化钠，再将样品与空白对照组同时置于 50℃水浴 30min。

（2）结束后，立即取出沸水浴 5min，冰水浴冷却，适当稀释后用葡萄糖分析仪测葡萄糖浓度。不同稀释倍数的酶液所对应的生成的葡萄糖浓度可拟合一条直线，并求出生成 1mg 葡萄糖所对应的稀释倍数。

（3）计算每组 β-葡萄糖苷酶的酶活，酶活计算公式如下：

$$\beta\text{-葡萄糖苷酶酶活力（CB）}=\frac{0.0926}{\text{释放 1mg 葡萄糖的酶浓度}}\text{U/mL}$$

表 14.1　pH 值对 β-葡萄糖苷酶活力的影响

pH 值	3.0	4.0	5.0	6.0	7.0
酶活力					

2. 温度对 β-葡萄糖苷酶活力的影响

（1）将柠檬酸缓冲液调至最适 pH 值，用缓冲液将 β-葡萄糖苷酶至少做 2 个不同的稀释，使得酶水解时其中 1 个释放的葡萄糖略高于 1mg，另外 1 个略低于 1mg。取 1mL 分别于 30℃、40℃、50℃、60℃、70℃下预热，此外，需要做空白实验，其中底物空白为：

1.0mL 的柠檬酸缓冲液＋1.0mL 的纤维二糖溶液；酶空白为：1.0mL 适当稀释的酶液＋1.0mL 的柠檬酸缓冲液。于 50℃ 水浴 30min。

（2）结束后，立即取出沸水浴 5min，冰水浴冷却，用葡萄糖分析仪测葡萄糖浓度，5 组分开反应。

（3）计算每组 β-葡萄糖苷酶酶活，并进行分析。

表 14.2　温度对 β-葡萄糖苷酶活力的影响

温度	30℃	40℃	50℃	60℃	70℃
酶活力					

【实验结果与分析】

1. 将每组得到的结果填入表 14.1 及表 14.2 中。
2. 对实验结果进行分析讨论。

【思考题】

1. 分析温度和 pH 值影响酶活力的原因。
2. 酶空白与底物空白的作用是什么？

实验14.2 纤维素酶活力的测定及酶水解纤维素

【实验目的】

1. 学习与掌握测定滤纸酶活力的原理和方法。
2. 学习和掌握纤维素的结构、酶水解的原理及方法。

【实验原理】

纤维素是由葡萄糖经 β-1,4-糖苷键连接而成的直链多糖，多个线性纤维形成纤维束，束状结构再定向排布形成纤维，分子内和分子间的氢键作用使其结构紧密，并赋予纤维素很高的机械强度。纤维素分为结晶区和非结晶区，非结晶纤维素比较容易水解，而纤维素的结晶区由纤维素分子整齐规则地折叠排列而成。

纤维素的高效水解需要纤维素酶系的多种酶活性组分协同作用。其中，外切 β-1,4-葡聚糖酶能够从纤维素的还原端和非还原端水解 β-1,4-葡萄糖苷键，产生纤维二糖；内切 β-1,4-葡聚糖酶则随机内切纤维素非结晶区内的 β-1,4-葡萄糖苷键，产生纤维寡糖、纤维二糖和葡萄糖，并产生新的还原和非还原末端；β-葡萄糖苷酶，又称为纤维二糖酶，最终将纤维二糖、纤维寡糖彻底水解成葡萄糖。

【实验材料及仪器】

1. 材料

纤维素（Sigmacell cellulose），Whatman 1 号滤纸，纤维素酶 Celic CTec 2。

2. 试剂

葡萄糖，3,5-二硝基水杨酸，柠檬酸，柠檬酸钠，酒石酸钾钠，氢氧化钠，重蒸苯酚，亚硫酸钠，氨苄青霉素。

3. 器皿和仪器

离心机，恒温水浴锅，恒温水浴摇床，紫外-可见分光光度计，微量移液器，20mL具塞刻度试管，试管架，玻璃烧杯，容量瓶。

4. 溶液

葡萄糖标准液（10mg/mL）：精确称取 1g 葡萄糖，溶于 50mmol/L 的柠檬酸缓冲液中，定容至 100mL。

3,5-二硝基水杨酸（DNS）：试剂将 6.3g DNS 与 2mol/L 的氢氧化钠 262mL 加到 500mL 含有 182g 酒石酸钾钠的热水溶液中（50℃左右），再加入重蒸苯酚 5g 和亚硫酸钠 5g，搅拌溶解，冷却后加水定容至 1000mL，即制成 DNS 试剂，贮存于棕色试剂瓶中，静置 7d 后，备用。

1mol/L 柠檬酸缓冲液：将 210g 一水合柠檬酸溶于 750mL 去离子水中，加入 50～60g 固体氢氧化钠至 pH4.3 左右，加水定容至 1L，调节 pH 值至 4.5。使用时将缓冲液稀释至 50mmol/L，此时 pH 值为 4.8。

【实验步骤】

1. 葡萄糖标准曲线的制作

配制 10mg/mL 的葡萄糖母液，稀释成以下浓度：

（1）1.0mL 葡萄糖母液＋0.5mL 柠檬酸缓冲液，3.35mg/0.5mL。

（2）1.0mL 葡萄糖母液＋1.0mL 柠檬酸缓冲液，2.50mg/0.5mL。

（3）1.0mL 葡萄糖母液＋2.0mL 柠檬酸缓冲液，1.65mg/0.5mL。

（4）1.0mL 葡萄糖母液＋4.0mL 柠檬酸缓冲液，1.00mg/0.5mL。

（5）1.0mL 葡萄糖母液＋9.0mL 柠檬酸缓冲液，0.50mg/0.5mL。

于 10mL 离心管中，加入 0.5mL 以上葡萄糖溶液和 1.0mL 柠檬酸缓冲液，50℃准确水浴 60min，移出，立即加入 3.0mL DNS 并混匀，沸水浴准确反应 5min，立即冰水浴冷却，取 0.4mL 变色的反应液于 5.0mL 去离子水中混匀，540nm 波长下测吸光度（见表 14.3）。

表 14.3　DNS 法标准曲线的测定

试管编号	0	1	2	3	4	5
葡萄糖(mg/0.5mL)	0	3.35	2.5	1.65	1	0.5
OD_{540nm}						

2. 滤纸酶活力的测定

将 Whatman 1 号滤纸剪成 1.0cm×6.0cm（50mg），卷成筒状置于 10mL 离心管中，添加 1.0mL pH4.8、50mmol/L 的柠檬酸缓冲液，浸润滤纸，于 50℃ 水浴锅预热，加入 0.5mL 用 pH4.8、50mmol/L 的柠檬酸适当稀释的酶液，50℃ 准确水浴 60min，移出，立即加入 3.0mL DNS 并混匀，沸水浴准确反应 5min，立即冰水浴冷却，取 0.4mL 变色的反应液于 5.0mL 去离子水中混匀，540nm 波长下测吸光度。酶样至少需要做 2 个不同的稀释，使得酶水解时其中 1 个释放的葡萄糖略高于 2mg，另外 1 个略低于 2mg。此外，需要做空白实验，其中底物空白：滤纸（1.0cm×6.0cm，约 50mg）＋1.5mL 的柠檬酸缓冲液；酶空白：0.5mL 适当稀释的酶液＋1.0mL 的柠檬酸缓冲液。

一个滤纸酶活力单位（FPU）是指从 50mg Whatman 1 号滤纸，在 50℃、pH4.8 条件下经过 1min 酶水解产生 1.0μmol/L 当量葡萄糖的还原糖所需的酶量。酶活力计算公式如下：

$$滤纸酶活力(FPA) = \frac{0.37}{释放\ 2mg\ 葡萄糖的酶浓度} U/mL$$

3. 纤维素的酶水解

称取纤维素 0.5g，按照 2%（m/V）的固液比，悬于 25mL pH4.8、50mmol/L 的柠檬酸缓冲液中，添加纤维素酶 15FPU/g、氨苄青霉素 50μg/mL、50℃、200r/min 水浴摇床酶水解 24h，水解第 0h、1h、3h、6h、12h、24h 取样 1mL，离心，上清液测总还原糖，实验做两个重复。

【实验结果】

1. 绘出葡萄糖标准曲线。

2. 计算酶活力。

3. 纤维素酶水解动力学曲线。

【思考题】

1. 测滤纸酶活力时，为什么需要做空白实验？

2. DNS 法测还原糖的原理是什么？

实验 14.3　酶偶联法测定葡萄糖激酶的活力

【实验目的】

1. 学习与掌握测定酶偶联法测定酶活力的原理。
2. 学习与掌握测定酶偶联法测定葡萄糖激酶活力的方法。

【实验原理】

葡萄糖激酶是糖代谢途径中的关键酶，参与糖酵解第 1 步反应，催化葡萄糖磷酸化，主要存在于胰腺 β 细胞和肝细胞，促进胰岛素分泌和葡萄糖代谢，有效控制体内血糖平衡。葡萄糖激酶区别于其他类型同工酶的特点是在 S 型动力学特性曲线上可以看到葡萄糖的浓度。葡萄糖激酶存在于肝细胞、胰腺 β 细胞和 α 细胞中，葡萄糖在进入细胞之后发生的反应是磷酸化，但是发生反应之后的葡萄糖分子比较大，不可以自由地通过细胞膜，这时候葡萄糖激酶就起到了催化的作用。

酶偶联法测定，即在反应体系中加入一个或几个工具酶，将待测酶生成的某一产物转化为新的可直接测定的产物，当加入酶的反应速率与待测酶反应速率达到平衡时，可以用指示酶的反应速率来代表待测酶的活性。

某些酶促反应的产物不易直接测定，可通过加入指示酶转变成可测定的产物。可分开进行，也可以连续分析。本实验偶联葡萄糖-6-磷酸脱氢酶，将葡萄糖激酶催化的产物葡萄糖-6-磷酸氧化为 6-磷酸葡萄糖酸，同时将 $NADP^+$ 还原为 NADPH，采用分光光度计测 340nm 吸光值的变化，通过换算获得葡萄糖激酶的活力。

$$葡萄糖 \xrightarrow{E_1} 葡萄糖\text{-}6\text{-}磷酸 \xrightarrow{E_2} 6\text{-}磷酸葡萄糖酸$$

例：

$$葡萄糖 + ATP \xrightarrow{E_1} 葡萄糖\text{-}6\text{-}磷酸 + ADP$$

$$葡萄糖\text{-}6\text{-}磷酸 + NADP^+ \xrightarrow{E_2} 6\text{-}磷酸葡萄糖酸 + NADPH + H^+$$

注：E_1 代表葡萄糖激酶；E_2 代表葡萄糖-6-磷酸脱氢酶。

【实验材料及仪器】

1. 材料与试剂

葡萄糖，ATP，$NADP^+$，葡萄糖激酶，葡萄糖-6-磷酸脱氢酶，柠檬酸，氢氧化钠。

2. 器皿和仪器

水浴恒温振荡器，紫外-可见分光光度计，微量移液器，pH 计，试管架，玻璃烧杯，容量瓶。

3. 溶液

0.2mol/L 磷酸缓冲液：将 380mL 的 0.2mol/L 磷酸二氢钠和 620mL 的 0.2mol/L 磷酸氢二钠混合，微调 pH 值至 7.0。

20g/L 葡萄糖溶液：称取 2g 葡萄糖溶于 0.2mol/L 的磷酸缓冲液中，于容量瓶中定容至 100mL。

【实验步骤】

于 10mL 塑料管内，加入 5mL 20g/L 的葡萄糖溶液，0.4mL 50mmol/L ATP 和 0.4mL 50mmol/L NADP$^+$，于 37℃ 水浴锅中预热；往管中各加入 100μL 用磷酸盐缓冲液适当稀释的葡萄糖激酶和葡萄糖六磷酸脱氢酶，于水浴锅中 37℃、pH7.0，反应时间 10min，立即沸水浴终止反应，于 340nm 测吸光度。葡萄糖激酶和葡萄糖六磷酸脱氢酶加入前煮沸，其余按以上操作进行，作为空白实验。反应开始前和结束后，对照组与实验组都需取样备测。

酶活性单位（U）定义：37℃ 和 pH7.0 下，每分钟生成 1μmol NADPH 即为一个酶活力单位。

计算公式为：

$$U = \frac{D \times 10^3 \times (\Delta A_1 - \Delta A_2) \times V_t}{e \times V_s \times d}$$

式中　D——稀释倍数；

ΔA_1——样品吸光度值变化量；

ΔA_2——空白对照吸光度值变化量；

V_t——反应总体系，mL；

e——摩尔吸光系数（1μmol NADPH 在 340nm 处的吸光系数）；

V_s——酶液体积，mL；

d——比色皿厚度，cm。

【实验结果】

酶活力的计算。

【思考题】

酶偶联法测定酶活力的优势是什么？

实验14.4　海藻酸钠包埋法制备固定化 α-淀粉酶

【实验目的】
1. 学习与掌握海藻酸钠包埋法固定化 α-淀粉酶的原理。
2. 学习与掌握海藻酸钠包埋法固定化 α-淀粉酶的方法。

【实验原理】

  与游离酶相比，固定化酶可以较长时间内反复分批反应和装柱连续反应，从而提高酶的使用效率，增加产物的收率，降低生产成本。在反应完成后，固定化酶极易与底物、产物分开，简化了提纯工艺，提高了产物的质量。

  本次固定化酶使用的方法是包埋法，将酶、细胞或原生质体包埋在各种多孔载体中，使其固定化的方法称为包埋法。包埋法制备固定化酶、固定化细胞或固定化原生质体时，根据载体材料和方法的不同，可分为凝胶包埋法和半透膜包埋法两大类。以各种多孔凝胶为载体，将酶、细胞或原生质体包埋在凝胶的微孔内的固定化方法称为凝胶包埋法。本次实验中具体使用的方法为海藻酸钙凝胶包埋法。

【实验材料及仪器】

1. 材料

α-淀粉酶，海藻酸钠，明胶，氯化钙。

2. 器皿和仪器

注射器，微量移液器，20mL 具塞刻度试管，试管架，玻璃烧杯，容量瓶。

3. 溶液

（1）2％可溶性淀粉：称取可溶性淀粉 2g（预先 100℃烘干约 4h 至恒重），用少量蒸馏水调匀，徐徐倾入已沸的蒸馏水中，煮沸至透明，冷却定容至 100mL，此溶液需当天配制。

（2）1mol/L pH4.5 醋酸钠缓冲液：取无水醋酸钠 8.024g，先在少量水中溶解，定容至 1000mL。取分析纯冰醋酸 5.78mL 定容至 1000mL。以上两种溶液按醋酸和醋酸钠的体积比为 25∶22 混合即为所求的缓冲液。

（3）0.05mol/L 碘液：称取 25g 碘化钾溶于少量水中，加入 12.7g 碘，溶解后定容至 1000mL，贮存于棕色瓶中。

（4）0.1mo/L 氢氧化钠溶液：称取分析纯氢氧化钠 4g 溶解并定容至 1000mL。

（5）1mol/L 硫酸：吸取分析纯浓硫酸（相对密度 1.84）55.5mL，缓缓加入 944.5mL 水定容至 1000mL。

（6）0.1mol/L 硫代硫酸钠：称取 26g 硫代硫酸钠和 0.4g 碳酸钠，用煮沸冷却的蒸馏水溶解并定容至 1000mL，配制后放置三天再标定。

【实验步骤】

1. α-淀粉酶的固定化

将 15mL 游离酶与 3％的海藻酸钠 150mL 混合，然后加入 3％的明胶溶液 150mL 混合乳化约 10min，调 pH 值为 4，慢速搅拌并降温至 5～10℃，通过 6 号注射针头将上述冷却液以 5cm 的高度注进 1％氯化钙溶液中，立刻形成光滑的微球，然后保持温度为 4℃，球在氯化钙溶液中被硬化 30min，固定化酶贮存于 0～5℃冰箱中保存。

  2. 固定化酶的酶活力测定

  （1）操作步骤

  取 2％可溶性淀粉溶液 25mL，加 pH4.5 醋酸缓冲液 5mL 混匀于比色管，在 40℃恒温水浴中预热 5～10min，加入固定化酶 5g（空白以蒸馏水代替固定化酶），准确计时 1h。取出过滤终止酶反应，冷却至室温。取上述反应液 5mL 于定容瓶中，先加入 0.05mol/L 碘液 10mL，再加 0.1mol/L NaOH 10mL，摇匀暗处静置 15min。加入 1mol/L 硫酸 2mL，用 0.1mol/L 硫代硫酸钠滴定至无色。

  （2）计算

$$酶活力(mg/mL) = (A-B)N \times 90.05 \times \frac{V_1}{V_2}$$

式中　A——空白所消耗的 $Na_2S_2O_3$ 的体积，mL；

　　　B——样品所消耗的 $Na_2S_2O_3$ 的体积，mL；

　90.05——1mL 1mol/L 的 $Na_2S_2O_3$ 相当的葡萄糖质量，mg；

　　　V_1——反应液总体积，32.20mL；

　　　V_2——吸取反应液样品体积，5mL；

　　　N——$Na_2S_2O_3$ 的浓度，0.1mol/L。

  3. 固定化酶活力回收测定

$$固定化酶活力回收 = \frac{固定化酶总活力}{溶液酶总活力} \times 100\%$$

【实验结果】

  1. 计算酶活力。
  2. 固定化酶活力回收测定。

【思考题】

  1. 在测固定化酶活力的过程中，为什么要不断搅拌反应液？
  2. 硫代硫酸钠法测酶活力的原理是什么？

实验 14.5　酵母细胞固定化及催化前手性苯乙酮不对称还原合成手性醇

【实验目的】

1. 学习生物催化基本操作。
2. 学习细胞固定方法。
3. 学习生物催化产物的分析检测方法。

【实验原理】

手性醇由于在手性中心碳原子上拥有一个活泼的羟基，故是许多手性药物合成的重要手性砌块，在手性药物中占有重要地位。利用活性细胞催化前手性羰基不对称还原可以高立体选择性地合成相应的手性醇。本实验以海藻酸钙固定化的面包酵母细胞催化苯乙酮为模型反应，对利用活性细胞合成手性物质进行实验。反应示意如图 14.2 所示。

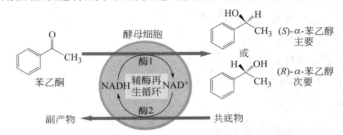

图 14.2　酵母细胞催化苯乙酮合成苯乙醇模型示意

【实验材料及仪器】

1. 材料

微生物细胞：酿酒酵母（*Saccharomyces cerevisiae*），由实验 11.2 所培养收集的细胞。

2. 试剂

葡萄糖，Tris 碱，盐酸，氯化钙，海藻酸钠，*α*-苯基乙醇，1-苯基乙酮，乙酸乙酯，苯甲醛。

3. 器皿与仪器

注射器 15mL，中号注射针，100mL 锥形瓶，烧杯 100mL，滤纸，漏斗，恒温摇床，电子天平，气相色谱。

【实验步骤】

1. 面包菌体制备

利用实验 11.2 所制备的菌体，或者活化的面包酵母粉。

2. 面包酵母固定化

面包酵母采用海藻酸钙包埋方法进行固定，将培养的面包酵母做成微胶粒。其制备过程为：将 10g 酵母泥与 20mL 按 2%（*m/V*）配制的海藻酸钠溶液混合均匀。然后用

20mL 注射器将其滴入恒温磁力搅拌的 0.1mol/L 的 $CaCl_2$ 溶液中，继续搅拌半小时，用于凝胶反应，然后过滤出微胶粒，用去离子水冲洗 3～5 次，洗去微胶粒外壁上的 Ca^{2+}。得到的胶粒放入去离子水中保存于 4℃ 的冰箱中备用。

3. 固定化酵母细胞催化反应

将固定化的适量面包酵母胶珠（相当于 2g 湿酵母菌体）加入 20mL Tris·HCl 缓冲液（0.05mol/L，pH7.0），加入苯乙酮使终浓度为 40mmol/L，再加入葡萄糖使之浓度为 0.5g/L，密封后置于摇床中，以 30℃、50r/min 转速反应 6～12h。结束后，取 1mL 的反应液加入 1μL 的苯甲醛作为内标物，1mL 乙酸乙酯进行萃取，萃取离心使反应液分层，收集离心后上层有机相，最后进行对反应的检测（包括底物、产物浓度，e.e. 等）。

4. 分析检测

使用带有手性毛细管柱的气相色谱法（Aglient 6890GC）测定剩余底物的浓度、各种对映异构体的浓度，进而计算出反应进行的程度与立体选择性。色谱柱为 β-Cyclodex-B，长度为 30m、内径为 0.25mm、膜厚为 0.25μm 的毛细管手性柱。色谱条件为：进样口温度为 250℃；检测器温度为 250℃；分流比 50：1；柱温采用程序升温，初温 90℃ 保留 5min，以 9℃/min 升温至 180℃，180℃ 再保留 1min。以苯甲醛为内标物的内标法定量计算底物、产物浓度。

利用产率（yield）和对映体过量值（e.e.）分别表示催化的活性和立体选择性，其计算式如下：

$$产率 = \frac{c_{1\text{-PEA}}}{c_i} \times 100\% \tag{14.1}$$

$$e.e. = \frac{c_S - c_R}{c_S + c_R} \times 100\% \tag{14.2}$$

式中，c_i 为底物初始浓度；$c_{1\text{-PEA}}$ 为反应终止时产物浓度；c_S 和 c_R 分别为 S-型和 R-型产物浓度。

【实验结果】

1. 给出酵母固定化后的胶珠形状及尺寸与胶珠照片。
2. 给出气相色谱分析图谱。
3. 计算出反应的产率以及 e.e. 值。

【思考题】

1. 酵母固定化时，为什么需要 $CaCl_2$ 溶液？
2. 萃取时，加入苯甲醛的目的是什么？

实验 14.6　有机相中脂肪酶的催化转酯化作用

【实验目的】

1. 学习与掌握酶催化转酯化的原理和方法。
2. 学习和掌握气相色谱的使用。

【实验原理】

催化转酯化反应大概可分为两类：化学催化与酶催化。化学上，转酯化反应可由酸或者碱催化，但是存在游离脂肪酸含量高、转酯化困难等缺点。相比之下，生物催化剂可以合成特定的烷基酯，易与高游离脂肪酸含量的甘油三酯转酯化。

转酯化的反应机理如图 14.3 所示，是甘油三酯与醇在催化剂的作用下生成混合烷基酯与甘油的过程。

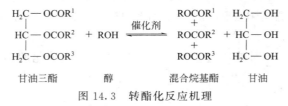

$$
\begin{array}{ccccccc}
H_2C-OCOR^1 & & & ROCOR^1 & & H_2C-OH \\
| & & & + & & | \\
HC-OCOR^2 & + & ROH & \xrightleftharpoons{\text{催化剂}} & ROCOR^2 & + & HC-OH \\
| & & & + & & | \\
H_2C-OCOR^3 & & & ROCOR^3 & & H_2C-OH \\
\text{甘油三酯} & & \text{醇} & & \text{混合烷基酯} & & \text{甘油}
\end{array}
$$

图 14.3　转酯化反应机理

【实验材料及仪器】

1. 材料

南极假丝酵母脂肪酶（Novozym 435），食用菜籽油。

2. 试剂

甲醇，叔丁醇，十七烷酸甲酯。

3. 器皿和仪器

圆底烧瓶，冷凝器，集热式恒温加热磁力搅拌器，GC2010-PLUS 气相色谱仪（岛津）。

【实验步骤】

1. 转酯化反应

转酯化反应在 25mL 圆底烧瓶中进行，为避免脂肪酶与甲醇滴直接接触，将甲醇与叔丁醇、油混合后加入脂肪酶。

吸取适量油脂，加入甲醇（甲醇∶油脂＝4∶1，摩尔比）与叔丁醇（叔丁醇∶油脂＝3∶4，体积比），混合均匀后，加入 Novozym 435（酶∶油＝1∶20，质量比），控制转速为 130r/min，温度为 35℃，反应 12h。

反应完成后，从体系中取 100μL，离心得到上层，取 5μL 上层，加入 300μL 十七烷酸甲酯和 300μL 乙醇，混合均匀，用于气相色谱分析。

2. 气相色谱分析甲酯含量

毛细管柱（0.32mm×25m）用硝基对苯二甲酸酯（FFAP）填充，柱温在 150℃保持 0.5min，以 15℃/min 的速率升温至 250℃，并在这个温度下维持 10min，进样口与检测器的温度分别为 245℃ 与 250℃。

【实验结果】

1. 给出气相色谱法检测甲基酯的结果图。
2. 计算甲基酯的得率。

【思考题】

1. 酶催化转酯化与化学催化转酯化相比，各有何优缺点？
2. 反应完成后所加入的十七烷酸甲酯和乙醇的作用分别是什么？

第15章　设计性开放实验

15.1　设计性开放实验教学目标

开放实验是指实验内容、实验时间和实验仪器设备的"三开放"非传统实验教学模式。设计性开放实验是学生在具有了一定基础知识和基本操作技能的基础上能运用某一课程或者多门课程的综合知识，采用学生与教师合作的"双主"方式，在指导教师的引导下针对前沿和未知科学领域由学生自主设计实验方案并自主完成实验过程及结果分析的全新实验教学模式。通过设计性开放实验的锻炼，使学生具备下列能力：

① 综合应用所学知识和实验技能的能力，分析和解决复杂问题的能力。通过本实验教学环节，使学生能受到较全面的、严格的、系统的科研训练，能了解科研的一般方法和基本过程。

② 数据处理和查阅中外文资料的能力和实验方案设计能力，激发学生专业知识学习的积极性和主动性，养成独立思考和积极进取的科学精神。

③ 学生在自主选题、自主设计、自主操作、自主探究的过程中，培养了与导师和团队成员的沟通和合作能力。

④ 培养学生的创新意识、观察能力、动手能力、分析问题和解决问题的能力，使学生成为富有创新精神、创新思维和实践能力的高素质人才。

15.2　设计性开放实验申请及开出程序

设计性开放实验申请及开出程序如下：

① 生物工程专业学生依据专业培养目标和待选实验项目，提出自己的设计性开放实验项目并沟通寻找系内导师，在对实验项目总体情况、实验目的及要求、实验手段和方法等方面进行初步论证，经生物工程系主任和实验室主任审核后，交由系责任教授团队认定。

② 实验项目认定通过后，参加设计性开放实验项目的所有同学必须自行在化学与化工学院网站上进行实验室安全培训并完成考试，考试成绩高于90分者经实验室主任审核后批准进入生物工程实验室开展设计性开放实验。

③ 设计性开放实验指导老师负责提供所需药品，所需材料仪器需求报实验室主任，由实验室主任协调安排。

④ 设计性开放实验项目开出，实验指导老师指导并督促试验进程，并对实验室及参

加实验人员的安全负责。

15.3 设计性开放实验教学内容和基本要求

15.3.1 实验教学内容

(1) 查阅资料、提出实验方案

这一过程要求学生通过查阅有关书籍、文献资料，了解和掌握与课题有关的国内外技术状况、发展动态，并在此基础上，参考指导老师意见提出具体的书面实验方案，包括实验工艺技术路线、实验条件要求、实验计划进度等。

(2) 方案的讨论与确定

指导教师在对实验方案审议的基础上，与学生开展讨论。由学生介绍实验方案，指导教师根据实验方案的可行性、实验室条件等因素对方案进行完善修正，使之具有可操作性，满足实验目的要求，在尊重学生思路和实验要求的前提下，确定实验方案。

(3) 实验室实验

按确定的实验方案，在实验室由学生自己动手预备必要的实验材料、搭置实验装置，开展具体的实验和测试工作。指导教师负责现场指导，解答学生实验中遇到的难题，启发学生深入思考，创造必要的实验条件，如分析条件、必要的设备材料等。

(4) 实验总结

由学生自主对实验结果数据进行分析、总结，教师负责指导和答疑，这一过程使学生分析问题的能力得到锻炼和提高，最终按要求编写出实验研究报告。实验报告的具体要求详见实验规范与实验指导书。

15.3.2 基本要求

(1) 独立文献查阅与检索

学生应在了解实验背景和目的及基本内容后，学习和掌握文献资料的查阅、检索和应用，独立进行文献查阅与检索工作，完成实验方案的设计。

(2) 自主实验研究

在巩固实验操作技能的基础上，学习实验研究技术。在指导教师的辅助与引导下，自主完成实验装置的装配、仪器准备，自主运行实验装置，掌握实验数据记录格式设计，记录数据整理与分析的方法；在指导教师的督导下，学习并实施相关大型分析仪器的分析操作。

(3) 科学分析推导

要求学生学习和初步掌握对实验数据的科学分析讨论与推演方式。掌握依据实验结果推演到结论的思维过程，巩固所学的基础知识和相关专业知识，培养和提高科学研究能力。

(4) 创新思维和能力的提高

通过整个实验研究过程，培养和锻炼发现问题、分析问题和解决问题的综合能力，主观能动性和创新思维和能力得到启发和提高。

15.4 设计性开放实验考核方式

15.4.1 提交实验考核材料

设计性开放实验的考核材料应围绕选定的设计性开放实验项目进行实验设计，开展实验研究，记录实验过程，获得实验结果，通过分析后形成实验报告，或撰写论文。实验人员应逐步提交以下文件：

① 设计性开放实验申请报告（文献综述和实验方案设计）；

② 全程工作记录（实验记录及导师答疑记录）；

③ 实验报告及心得体会（全面总结实验过程、实验结果及分析）；

④ 论文发表或者专利申请（非必须）。

15.4.2 考核小组答辩考核

设计性开放实验项目完成后，生物工程实验室将审核实验进程材料并安排设计性开放实验项目答辩会，答辩组由指导老师和系相关教师组成，实验人员通过 10 分钟的 PPT 演示介绍实验过程及结果，就答辩组成员关心的问题进行答辩。根据实验报告材料及答辩情况进行最终设计性开放实验成绩评定。

15.5 部分设计性开放实验项目

以下是部分设计性开放实验项目，鼓励学生根据实验技能掌握情况结合自己的兴趣提出自己的设计性开放实验项目，鼓励独立进行文献查阅与检索工作，完成实验方案的设计。

- 中国不同区域动物遗传多样性比较
- 真核基因表达载体构建及其原核表达
- 环境难降解化学物质高效降解菌株的筛选及其表征
- 药用植物细胞的离体培养及次生代谢产物的提取
- 基因敲除法构建实验动物模型
- 生物酶法催化液化秸秆产油的研究
- 废弃生物质中蛋白酶法水解制备多肽研究
- 赖氨酸促进微生物溶磷作用的机理研究
- 表达荧光激发蛋白减毒菌在肿瘤诊疗中的探究
- 针对新冠病毒检测用单克隆抗体的制备研究
- 微生物细胞工厂合成精细化学品
- 微生物代谢网络重构技术

第3篇

附　录

附录1　生物工程实验室安全规则

维护实验室的安全是为了确保师生员工人身安全和避免学校财产损失。实验过程中，由于经常使用各种化学药品、生物材料和仪器设备，以及水、电、煤气，还会经常遇到高温、低温、高压、真空、高频和带有辐射源的实验条件和仪器，若缺乏必要的安全防护知识和正确的实验操作技能，会造成生命和财产的巨大损失。因此，根据《中华人民共和国环境保护法》和《危险化学品安全管理条例》，结合实验室安全要求，生物工程实验室必须达到"七防"（防火、防爆、防毒、防触电、防盗、防泄密、防溢水）要求，还包括环境污染的避免与消除，建立健全以实验室主要负责人为主的各级安全责任人的安全责任制和各种安全制度，加强安全管理，引导实验指导教师和学生对可能出现的常发事故进行处理和自我保护。

1.1　重要规定

1.1.1　着装规定

① 进入生物工程实验室，必须按规定穿实验服。

② 进行危险物质、挥发性有机溶剂、特定化学物质或者其他生态环境部列入管制的毒性化学物质等化学药品的实验或研究，必须穿戴防护用具（防护口罩、防护手套、防护眼镜），在实验室内指定区域进行实验。

③ 实验过程中，严禁佩戴隐形眼镜（防止化学药剂溅入眼镜而腐蚀眼睛）。

④ 需将长发及松散衣服妥善固定，实验过程中穿着无孔的包覆脚面的鞋子。

⑤ 操作涉及高温处理的实验项目时，必须穿戴防高温手套。

1.1.2　饮食规定

① 严禁在生物工程实验室范围内吃喝食物，离开实验室后如果使用过化学药品，需先洗净双手方能进食。

② 严禁在生物工程实验室内吃口香糖，听音乐，做与实验无关的事情。

③ 禁止在储有化学药品的冰箱或储藏柜中储藏食物。

1.1.3 药品领用、存储及操作相关规定

① 操作危险性化学药品时，务必遵守操作守则或遵照老师操作流程进行实验；不要自行更换实验流程。

② 领取药品时，应该确认容器上名称标识是否为需要的实验药品，看清楚药品危害标示和图样。

③ 使用挥发性有机溶剂、强酸强碱性、高腐蚀性、有毒性的药品时，必须在通风橱及桌上型抽烟管下操作。

④ 有机溶剂，固体化学药品，酸、碱化合物均需分开存放，挥发性化学药品必须存放在具有抽气装置的药品柜中。

⑤ 高挥发性或易于氧化的化学药品必须存放于冰箱或冰柜中。

⑥ 避免独自一人在实验室做危险实验。

⑦ 若需进行无人监督的实验，其实验装置对防火、防爆、防水灾都须有相当的考虑，且让实验室灯开着，并在门上留下紧急处理时联络人电话及可能造成的灾害。

⑧ 操作危险性实验时必须经实验室主任批准，有两人以上在场方可进行，节假日和夜间严禁做危险性实验。

⑨ 操作有危害性气体的实验必须在通风橱里进行。

⑩ 操作放射性、激光等对人体危害较重的实验，应制定严格安全措施，做好个人防护。

⑪ 请将废弃药液、过期药液或废弃物依照分类标示清楚，严禁倒入水槽或下水道，应集中或倒入专用收集容器中由学校统一处理。

1.1.4 用电安全相关规定（防触电）

① 实验室内设备的安装和使用管理，必须符合安全用电管理规定，大功率实验设备用电必须使用专线，严禁与照明线共用，谨防因超负荷用电着火。

② 实验室用电容量的确定要兼顾事业发展的增容需要，留有一定余量。但不准乱拉、乱接电线。

③ 实验室内的用电线路和配电盘、板、箱、柜等装置及线路系统中的各种开关、插座、插头等均应经常保持完好可用状态，熔断装置所用的熔丝必须与线路允许的容量相匹配，如：电泳仪保险丝是 1A 的，不能用大于 1A 的保险丝；严禁用其他导线替代。室内照明器具都要保持稳固可用状态。

④ 使用新仪器，先看说明书和操作规程，弄懂它的使用方法和注意事项，才能操作。

⑤ 可能散布易燃、易爆气体或粉体的建筑内，所用电器线路和用电装置均应按相关规定使用防爆电气线路和装置。

⑥ 对实验室内可能产生静电的部位、装置要心中有数，要有明确标记和警示，对其可能造成的危害要有妥善的预防措施。

⑦ 设备本身要求安全接地的，必须接地；定期检查线路，测量接地电阻。自行设计、制作的设备或装置，其中的电气线路部分，应请专业人员查验无误后再投入使用。

⑧ 实验室内不得使用明火取暖，严禁抽烟。必须使用明火实验的场所，须经批准后，才能使用。

⑨ 手上有水或潮湿，请勿接触电器用品或电器设备；不能在潮湿处用电器。严禁使用水槽旁的电器插座（防止漏电或感应电）。

⑩ 实验室的专业人员必须掌握本室的仪器、设备的性能和操作方法，严格按操作规程操作。

⑪ 电器插座请勿接太多插头，以免电荷负荷不了，引起电器火灾。

⑫ 电器装置不能裸露，漏电部分应及时修理好；使用后的设备，闭上开关，关掉电源；各种电器应绝缘良好。

⑬ 各种设备材料按规定范围使用，发生火灾时，应先切断电源开关，再灭火。

1.1.5 压力容器安全规定

（1）气体钢瓶

① 气瓶必须专瓶专用，存放在阴凉、干燥、远离热源的地方，易燃气体气瓶与明火距离不小于 5m；严禁将氯与氨、氢和氧、乙炔和氧混放在一个房间里，氢气瓶最好隔离。

② 气瓶搬运要轻、要稳，尽量使用手推车，务求安稳直立，不可卧倒滚运；放置要牢靠。

③ 各种气压表一般不得混用。

④ 气瓶内气体不可用尽，以防倒灌。

⑤ 开启气门时应站在气压表的一侧，不准将头或身体对准气瓶总阀，以防万一阀门或气压表冲出伤人。

⑥ 用时应加以固定，容器外表颜色应保持明显容易辨认。

⑦ 每月检查管路是否漏气，检查压力表是否正常。

（2）压力容器

灭菌锅、发酵罐系统、小型提取系统等设备必须设专人保管。操作时，必须严格遵守操作规程，认真做好维护、使用情况记录，以便查考。附件（安全阀、压力表、温度计等）必须齐全，否则禁止使用。

1.1.6 环境卫生与环境保护

实验室的环保就是对废渣、废液、废气的处理。教师在实验内容设计过程中尽量选择无公害、低毒物品及药品，实验过程中的残液、残渣要少，要可回收，以减少污染，保护环境。

① 实验室应注重环境卫生，并保持整洁。垃圾清除及处理，必须合乎卫生要求，按指定处所倾倒，不得任意倾倒、堆积，影响环境卫生。

② 凡有毒性或易燃的垃圾废物，均应特别处理，以防火灾或有害人体健康。

③ 窗面及照明器具透光部分均须保持清洁。

④ 保持所有走廊、楼梯通行无阻。

⑤ 养成随时拾捡地上杂物的良好习惯，以确保实验场所清洁。

⑥ 实验室对浓酸、浓碱的处理。浓酸、浓碱一般要中和后倾倒，并用大量的水冲洗管道。

⑦ 有机溶剂，如吡啶、二甲苯、氯仿能破坏人体机能失调，做完实验须回收，集中

交由处理单位统一处理。

⑧ 致癌物质溴化乙锭（EB）、秋水仙素等，实验后回收，通过活性炭吸附或化学反应，使其变为无害物质，废渣集中交由处理单位统一处理。

⑨ 微生物实验中，一些污染或盛有有害细菌和病菌的器皿、不要的菌种等，一定要消毒和高压灭菌处理后，方可弃掉，而器皿才能再利用，确保实验室的生物安全。

⑩ 实验后的动物尸体，放入塑料袋中，冰箱低温存放，集中交由处理单位统一焚烧处理。

⑪ 对同位素实验等产生的放射性废物（包括同位素包装容器），应有标志并存放于防辐射的专用储存库。在每个需要弃置的包装上应清楚地标明风险的性质和程度，储存和处置应遵守相关规定。

1.2 安全防护

1.2.1 防火

引起火灾的三个因素：易燃物、助燃物、点火能源。灭火的一切手段围绕破坏形成燃烧的三个条件中任何一个来进行。进入实验室工作，一定要清楚电源总开关、煤气总开关、水源总开关的位置，有异常情况，关闭相对应的总开关。并了解冲眼水龙头、紧急喷淋水龙头、急救箱的位置；出现情况能做好相应的自我救护。

① 实验室内不得明火取暖，严禁吸烟。实验中电吹风用后，立即关闭。

② 防止煤气管、煤气灯漏气，使用煤气后一定要把阀门关好。

③ 乙醚、酒精、丙酮、二硫化碳、苯等有机溶剂易燃，实验室不得存放过多，切不可倒入下水道，以免集聚引起火灾。

④ 金属钠、钾、铝粉、电石、白磷以及金属氢化物要注意使用和存放，尤其不宜与水直接接触。

⑤ 使用酒精灯和酒精喷灯时，酒精的添加量不应超过灯具容量的 2/3，切勿倒满以防酒精外溢。应用火柴或者火机点燃，严禁使用另一在燃的酒精灯来点，以免失火。灯内酒精量使用到约 1/4 容量时，即应添加酒精，以免瓶内发生爆炸。

⑥ 万一着火，应冷静判断情况，采取适当措施灭火；可根据不同情况，选用水、沙、泡沫、CO_2 或 CCl_4 灭火器灭火。出现火情，要立即停止加热，移开可燃物，切断电源，停止通风。大火用灭火器，同时报警，如果灭火器扑灭不了，赶快撤离，随手将实验门关上，以免火势蔓延。

火灾逃生：火灾中，烈火不是最危险的敌人，浓烟和恐慌才是导致死亡的主要原因。出现火灾时，一定要冷静，做出正确的判断。

① 事先了解和熟悉建筑物的安全出口，做到心中有数，以防万一。

② 发生浓烟时应迅速离开，当浓烟窜入室内时，要沿地面匍匐前进，因地面层新鲜空气较多，不易中毒而窒息，利于逃生。逃至门口，千万不要站立开门，避免被大量浓烟熏倒。

③ 逃到室外走廊，要尽量做到随手关门，如有防火门随即关上，这样可阻挡火势随人运动迅速蔓延，增加逃生的有效时间。

④ 千万不要乘坐电梯，因为火灾发生后，电梯可能停电或失控，同时，由于"烟筒效应"，电梯常常成为浓烟的流通道。

⑤ 如果下层楼梯冒出浓烟，不要硬行下逃，因为火源可能就在下层，向上逃离反而更可靠，可以到凉台、天台，找安全的地方，候机待救。

⑥ 若被困在室内，应迅速打开水龙头，将所有可盛水的容器装满水，并把手巾、被单、毛毯打湿，以便随时使用。用湿手巾捂嘴，三层湿手巾可以遮住 30% 的浓烟不被吸入，12 层湿手巾可以遮住 90% 浓烟。

1.2.2　防爆（化学药品的爆炸分为支链爆炸和热爆炸）

① 氢、乙烯、乙炔、苯、乙醇、乙醚、丙酮、乙酸乙酯、一氧化碳、煤气和氨气等可燃性气体与空气混合至爆炸极限，一旦有一热源诱发，极易发生支链爆炸。

② 过氧化物、高氯酸盐、叠氮铅、乙炔铜、三硝基甲苯等易爆物质，受震或受热可能发生热爆炸。

1.2.3　防爆措施

① 对于防止支链爆炸，主要是防止可燃性气体或蒸气散失在室内空气中，保持室内通风良好。当大量使用可燃性气体时，应严禁使用明火和可能产生电火花的电器；不能将乙醚等易挥发品放入普通冰箱。

② 对于预防热爆炸，强氧化剂和强还原剂必须分开存放，使用时轻拿轻放，远离热源。

1.2.4　防烧烫伤

① 在实验室稀释浓硫酸时，不能将水倒入浓硫酸里，而应将酸缓缓倒入水中，不断搅拌均匀。

② 加热液体的试管口，不能对着自己或别人，以免烫伤。

③ 浓硫酸一旦落在身上，应以大量水冲洗，以弱碱 2% 碳酸钠或肥皂液中和洗涤。

④ 碱液落在皮肤上，以大量水洗净，用 4.5% 醋酸或 1.5% 左右的盐酸中和洗涤。

⑤ 实验中，不要戴隐形眼镜，如眼睛被溅上药品，应立即用冲眼水龙头冲洗。

⑥ 橡皮或塑料手套应经常检查有无破损，特别是接触酸时。安装玻璃仪器装置时，注意防止割伤，用带线手套或手巾垫着操作。

1.2.5　防灼伤

除高温外，液氮、强酸、强碱、强氧化剂、溴、磷、钠、钾、苯酚、醋酸等物质都会灼伤皮肤；应注意不要让皮肤与之接触，尤其防止溅入眼中。

1.2.6　防中毒

① 绝对不允许口尝鉴定试剂和未知物；不许直接用鼻子嗅气味，应以手扇出少量气体。

② 一切有可能产生毒性蒸气的工作必须在通风橱中进行，并有良好的排风效果。

③ 从事有毒工作必须穿戴工作服、防护面具，处理完毕后方能离开。

④ 如果到一个房间，闻到有煤气味，立即开窗通风，千万不要打开任何电源，以免电火花引起煤气爆炸燃烧，同时防止煤气中毒。

⑤ 在微生物实验中，注意防止病菌的感染。一定要有"有菌观念"和"无菌操作意识"，操作中一定要按正确的程序严格无菌操作，一方面避免感染，另一方面加强自我防护，如果实验出现意外（如菌种管打翻等），立即用消毒剂（84消毒剂）清洁桌面、洗手等，及时杀灭细菌和病毒，避免污染面扩大，每次实验必须清洁消毒桌面，并彻底洗手等。

⑥ 如果发现有中毒现象，立即停止工作，送医院急救。

1.2.7 防辐射

① 实验室的辐射，主要是指X射线和紫外线。长期反复接受X射线照射，会导致疲倦、记忆力减退、头痛、白细胞降低等；紫外线强烈作用于皮肤时，可发生光照性皮炎，皮肤上出现红斑、痒、水疱、水肿等，严重的还可引起皮肤癌；紫外线作用于中枢神经系统，可出现头痛、头晕、体温升高等，作用于眼部，可引起结膜炎、角膜炎，称为光照性眼炎，还有可能诱发白内障。

② 防护的方法就是避免身体各部位（尤其是头部）直接受到X射线照射，操作时需要屏蔽和缩时，屏蔽物常用铅、铅玻璃等；在紫外线消毒时应避免人员进入或者直视灯管，以免引起视网膜损伤。

1.2.8 防溢水和防盗

① 防溢水，使用完水龙头一定要关闭，有时可能停水，打开水龙头忘记关了，夜间来水可能会溢水。纸片、火柴杆、胶布，动物、植物残体及离心残渣等，要放入垃圾桶中，而不能扔进水池中。下水道堵塞，找水暖工维修。

② 防盗，离开实验室，一定要关好门窗。本科生实验后，实验指导老师要指导学生填写值日生实验日志，检查水、电、煤气、窗户是否关好，每个同学都要养成习惯，离开实验室，逐项检查，遇有生人一定要上前询问。

操作危险实验时，必须要有两人以上。做实验很晚时，同学回宿舍要结伴同行，女同学要有男同学护送。

1.2.9 防泄密

经常对实验室操作人员进行保密教育，定期对保密工作的执行情况进行认真检查，杜绝泄密事故。

① 实验室承担保密科研项目的测试数据、分析结论、阶段成果和各种技术文件，均要按科技档案管理制度进行保管和使用，任何人不得擅自对外提供材料。如发现泄密事故，应立即采取补救办法，并对泄密人员进行严肃处理。

② 凡属精密、贵重仪器和大型设备的图纸、说明书等资料，要按规定存放，使用中的图纸、说明书等资料，要设专人妥善保管，不经批准，不得随便携出或外借。

③ 实验室内保密项目的实验场地，一律不准对外开放，国内同行业技术交流和科技成果推广，要按国家有关规定办理。

④ 实验涉及经济保密、公文保密和国防保密部分，要按有关部门的规定执行。实验室发生事故时，管理人员应积极采取应急措施，及时报告学院（中心）负责人和有关部门。造成轻伤以上的事故或被盗、水灾、火灾、爆炸、中毒等严重的安全事故要立即抢救，保护事故现场，并立即逐级报告学院（中心）、保卫处等有关部门和学校主管领导，

不得隐瞒不报或拖延上报。

1.2.10 "三废"处理

① 废气。产生少量有毒气体的实验应在通风橱内进行。通过排风设备将少量毒气排到室外；产生大量有毒气体的实验必须具备吸收或处理装置。

② 废渣。少量有毒的废渣应埋于地下固定地点。

③ 废液。废酸液先加碱中和，调 pH 值至 6～8 后可排出，少量废渣埋于地下；剧毒废液必须采取相应的措施，消除毒害作用后再进行处理；酸、碱、盐水溶液用后均倒入酸、碱、盐污水桶，经中和后集中处理；有机溶剂回收于有机废液桶内，由专业公司统一回收处理。

1.2.11 实验室伤害的预处理

① 普通伤口：以生理盐水清洗伤口，用胶布固定。

② 烧烫（灼）伤：以冷水冲洗 15～30min 至散热止痛→以生理盐水擦拭（勿以药膏、牙膏、酱油涂抹或以纱布盖住）→紧急送至医院（注意事项：水泡不可自行刺破）。

③ 化学药物灼伤：以大量清水冲洗→以消毒纱布覆盖伤口→紧急送至医院处理。

1.2.12 遵守仪器安全使用操作规程

① 使用仪器时，一定要严格按照操作规程使用，注意安全。使用离心机时，如果离心管不平衡，就可能造成事故。

② 在实验台上使用高温装置一定要垫防火板，凡是违反实验操作规程者而造成事故一定要给予通报批评、罚款和扣实验分。

安全管理的规章制度，都是前人用鲜血甚至生命换来的经验教训总结，切莫等闲视之。同学们在自己的头脑中，在具体实验过程中要牢固树立"安全第一，预防为主"，"安全为了实验，实验为了安全"的思想，要警钟长鸣。要发扬对国家、集体和个人高度负责的精神，兢兢业业地从每一细小的实事做起，加强实验室的安全管理。为实验中心的发展，为同学们更快地成为有实践能力、富有创新精神的高素质人才而尽心尽力。

附录 2 常用缓冲液的配制

(1) 各种 pH 缓冲液的配制

① 甘氨酸-盐酸缓冲液（0.05mol/L）

pH	X	Y	pH	X	Y
2.2	50	44	3.0	50	11.4
2.4	50	32.4	3.2	50	8.2
2.6	50	24.2	3.4	50	6.4
2.8	50	16.8	3.6	50	5.0

X：0.2mol/L 甘氨酸（mL），Y：0.2mol/L HCl（mL），再加水稀释至 200mL。

甘氨酸分子量=75.07，0.2mol/L 甘氨酸溶液含 15.01g/L。

② 邻苯二甲酸-盐酸缓冲液（0.05mol/L）

pH	X	Y	pH	X	Y
2.2	5	4.670	3.2	5	1.470
2.4	5	3.960	3.4	5	0.990
2.6	5	3.295	3.6	5	0.597
2.8	5	2.642	3.8	5	0.263
3.0	5	2.032			

X：0.2mol/L 邻苯二甲酸氢钾（mL），Y：0.2mol/L HCl（mL），再加水稀释至 200mL。

邻苯二甲酸氢钾分子量=204.22，0.2mol/L 邻苯二甲酸氢钾溶液含 40.85g/L。

③ 柠檬酸-柠檬酸钠缓冲液（0.1mol/L）

pH	X	Y	pH	X	Y
3.0	18.6	1.4	5.0	8.2	11.8
3.2	17.2	2.8	5.2	7.3	12.7
3.4	16.0	4.0	5.4	6.4	13.6
3.6	14.9	5.1	5.6	5.5	14.5
3.8	14.0	6.0	5.8	4.7	15.3
4.0	13.1	6.9	6.0	3.8	16.2
4.2	12.3	7.7	6.2	2.8	17.2
4.4	11.4	8.6	6.4	2.0	18.0
4.6	10.3	9.7	6.6	104	18.6
4.8	9.2	10.8			

X：0.1mol/L 柠檬酸（mL），Y：0.1mol/L 柠檬酸钠（mL）

$C_6H_8O_7 \cdot H_2O$ 分子量=210.04，0.1mol/L 溶液含 21.01g/L。

$Na_3C_6H_8O_7 \cdot 2H_2O$ 分子量=294.12，0.1mol/L 溶液含 29.41g/L。

④ 乙酸-乙酸钠缓冲液（0.2mol/L）

pH(18℃)	X	Y	pH(18℃)	X	Y
3.6	0.75	9.25	4.8	5.9	4.1
3.8	1.2	8.8	5.0	7	3
4.0	1.8	8.2	5.2	7.9	2.1
4.2	2.65	7.35	5.4	8.6	1.4
4.4	3.7	6.3	5.6	9.1	0.9
4.6	4.9	5.1	5.8	9.4	0.6

X：0.2mol/L NaAc（mL），Y：0.3mol/L HAc（mL）。
NaAc·3H$_2$O 分子量＝136.09，0.2mol/L 溶液为 27.22g/L。

⑤ 磷酸盐缓冲液

a. 磷酸氢二钠-磷酸二氢钠缓冲液（0.2mol/L）

pH	X	Y	pH	X	Y
5.8	8	92	7.0	61	39
5.9	10	90	7.1	67	33
6.0	12.3	87.7	7.2	72	28
6.1	15	85	7.3	77	23
6.2	18.5	81.5	7.4	81	19
6.3	22.5	77.5	7.5	84	16
6.4	26.5	73.5	7.6	87	13
6.5	31.5	68.5	7.7	89.5	10.5
6.6	37.5	62.5	7.8	91.5	8.5
6.7	43.5	56.5	7.9	93	7
6.8	49.5	50.5	8.0	94.7	5.3
6.9	55	45			

X：0.2mol/L Na$_2$HPO$_4$（mL），Y：0.3mol/L NaH$_2$PO$_4$（mL）。
Na$_2$HPO$_4$·2H$_2$O 分子量＝178.05，0.2mol/L 溶液为 85.61g/L。
NaH$_2$PO$_4$·12H$_2$O 分子量＝358.22，0.2mol/L 溶液为 71.64g/L。
NaH$_2$PO$_4$·2H$_2$O 分子量＝156.03，0.2mol/L 溶液为 31.21g/L。
NaH$_2$PO$_4$·H$_2$O 分子量＝138.01，0.2mol/L 溶液为 27.60g/L。

b. 磷酸氢二钠-磷酸二氢钾缓冲液（1/15mol/L）

pH	X	Y	pH	X	Y
4.92	0.10	9.90	7.17	7.00	3.00
5.29	0.50	9.50	7.38	8.00	2.00
5.91	1.00	9.00	7.73	9.00	1.00
6.24	2.00	8.00	8.04	9.50	0.50
6.47	3.00	7.00	8.34	9.75	0.25
6.64	4.00	6.00	8.67	9.90	0.10
6.81	5.00	5.00	9.18	10.00	0
6.98	6.00	4.00			

X：1/15mol/L Na$_2$HPO$_4$（mL），Y：1/15mol/L KH$_2$PO$_4$（mL）。
Na$_2$HPO$_4$·2H$_2$O 分子量＝178.05，1/15mol/L 溶液为 11.876g/L；KH$_2$PO$_4$ 分子量＝136.09，1/15mol/L 溶液为 9.073g/L。

⑥ 磷酸二氢钾-氢氧化钠缓冲液（0.05mol/L）

pH(20℃)	X	Y	pH(20℃)	X	Y
5.8	5	0.372	7.0	5	2.963
6.0	5	0.570	7.2	5	3.500
6.2	5	0.860	7.4	5	3.950
6.4	5	1.260	7.6	5	4.280
6.6	5	1.780	7.8	5	4.520
6.8	5	2.365	8.0	5	4.680

X：0.2mol/L KH_2PO_4（mL），Y：0.2mol/L NaOH（mL），加水稀释至20mL。

⑦ Tris-盐酸缓冲液（0.05mol/L，25℃）

pH	X	pH	X
7.1	45.7	8.1	26.2
7.2	44.7	8.2	22.9
7.3	43.4	8.3	19.9
7.4	42.0	8.4	17.2
7.5	40.3	8.5	14.7
7.6	38.5	8.6	12.4
7.7	36.6	8.7	10.3
7.8	34.5	8.8	8.5
7.9	32.0	8.9	7.0
8.0	29.2		

50mL 0.1mol/L Tris溶液与 X mL 0.1mol/L 盐酸混匀后，加水稀释至100mL。

三羟甲基氨基甲烷（Tris）分子量＝121.14，0.1mol/L 溶液为12.114g/L。Tris溶液可从空气中吸收二氧化碳，使用时注意将瓶盖严。

⑧ 甘氨酸-氢氧化钠缓冲液（0.05mol/L）

pH	X	Y	pH	X	Y
8.6	50	4.0	9.6	50	22.4
8.8	50	6.0	9.8	50	27.2
9.0	50	8.8	10.0	50	32.0
9.2	50	12.0	10.4	50	38.6
9.4	50	16.8	10.6	50	45.5

0.2mol/L 甘氨酸 X（mL）＋0.2mol/L NaOH Y（mL）加水稀释至200mL。

甘氨酸分子量＝75.07，0.2mol/L 甘氨酸溶液为15.01g/L。

⑨ 硼砂-氢氧化钠缓冲液（0.05mol/L 硼酸根）

pH	X	Y	pH	X	Y
9.3	50	6.0	9.8	50	34.0
9.4	50	11.0	10.0	50	43.0
9.6	50	23.0	10.1	50	46.0

X：0.05mol/L 硼砂（mL），Y：0.2mol/L NaOH（mL），再加水稀释至200mL。

硼砂 $Na_2B_4O_7 \cdot 10H_2O$ 分子量＝381.43，0.05mol/L 硼砂（＝0.2mol/L 硼酸根）溶液含19.07g/L。

⑩ 碳酸钠-碳酸氢钠缓冲液（0.1mol/L）

pH		X	Y
20℃	37℃		
9.16	8.77	1	9
9.40	9.12	2	8
9.51	9.40	3	7
9.78	9.50	4	6
9.90	9.72	5	5
10.14	9.90	6	4
10.28	10.08	7	3
10.53	10.28	8	2
10.83	10.57	9	1

X：0.1mol/L 碳酸钠（mL），Y：0.1mol/L 碳酸氢钠（mL）。

$Na_2CO_3 \cdot 10H_2O$ 分子量＝286.2，0.1mol/L 碳酸钠溶液含 28.62g/L；$NaHCO_3$ 分子量＝84.0，0.1mol/L 碳酸氢钠溶液含 8.40g/L。

（2）生物实验常用电泳缓冲液的配制

① 6×Loading Buffer（DNA 电泳用，50mL 配方）

组分浓度：

100mmol/L EDTA，40%（m/V）蔗糖，0.05%（m/V）二甲苯蓝 FF，0.05%（m/V）溴酚蓝。

配制方法：

称取 25mg 溴酚蓝，25mg 二甲苯蓝 FF，5mL 0.5mol/L EDTA，加入约 20mL 去离子水，加热搅拌，充分溶解，加入 20g 蔗糖，去离子水定容至 50mL。

② 10×PBS（pH7.2～7.4）

组分浓度：

137mmol/L NaCl，27mmol/L KCl，100mmol/L Na_2HPO_4，20mmol/L KH_2PO_4。

配制方法：

用 800mL 去离子水溶解 80g NaCl、2g KCl、14.4g Na_2HPO_4 和 2.4g KH_2PO_4。用盐酸调节 pH 至 7.4，加水定容至 1L，高温高压灭菌，室温保存。

③ 10×Tris-甘氨酸-SDS 电泳缓冲液（pH8.6）

组分浓度：

0.25mol/L Tris，1.92mol/L 甘氨酸，1%（m/V）SDS。

配制方法：

称取 30.29g Tris，144.13g 甘氨酸，10g SDS，加入 800mL 去离子水搅拌溶解，定容至 1L，常温保存。

④ 100×Tris EDTA

组分浓度：

1mol/L Tris-Cl，100mmol/L EDTA（pH8.0）。

配制方法：

称取 121.1g Tris，用 500mL 去离子水充分溶解，加入 200mL 0.5mol/L EDTA

（pH8.0），盐酸调节至所需 pH，加水定容至 1L，高温高压灭菌，室温保存。

⑤ 50×TAE（pH8.5）

组分浓度：

2mol/L Tris-醋酸，0.1mol/L EDTA。

配制方法：

称取 242g Tris，37.2g $Na_2EDTA \cdot 2H_2O$，加入约 800mL 去离子水充分搅拌溶解，加入 57.1mL 的醋酸，充分搅拌，定容至 1L，室温保存。

⑥ 10×TBE（pH8.3）

组分浓度：

890mmol/L Tris-硼酸，20mmol/L EDTA。

配制方法：

称取 108g Tris，7.44g $Na_2EDTA \cdot 2H_2O$，硼酸 55g，加入约 800mL 去离子水充分搅拌溶解，定容至 1L，室温保存。

⑦ 10×Loading Buffer（RNA 电泳用，10mL 配方）

组分浓度：

10mmol/L EDTA，50%（体积分数）甘油，0.25%（m/V）二甲苯蓝 FF，0.25%（m/V）溴酚蓝。

配制方法：

称取 25mg 溴酚蓝，25mg 二甲苯蓝 FF，加入 $200\mu L$ 0.5mol/L EDTA（pH8.0），加入约 4mL DEPC 处理水，充分搅拌溶解，加入 5mL 甘油，DEPC 去离子水定容至 10mL，室温保存。

⑧ 10×MOPS

组分浓度：

200mmol/L MOPS，20mmol/L 醋酸钠，10mmol/L EDTA。

配制方法：

称取 41.8g MOPS，加入约 700mL DEPC 处理水充分搅拌溶解，用 2mol/L NaOH 调节 pH 至 7.0，再加入 20mL DEPC 处理的 1mol/L 醋酸钠，20mL DEPC 处理的 0.5mol/L EDTA，DEPC 水定容至 1L。用 $0.45\mu m$ 滤膜过滤除去杂质，室温避光保存。

⑨ 20×SSC（pH7.0）

组分浓度：

300mmol/L 柠檬酸三钠，3mol/L 氯化钠。

配制方法：

称取柠檬酸三钠 $\cdot 2H_2O$ 88.23g，氯化钠 175.3g，加入 800mL 去离子水充分溶解，用 14mol/L HCl 调 pH 为 7.0，去离子水定容至 1L，高温高压灭菌后室温保存。

附录 3 常用抗生素和酶的配制

（1）常用抗生素溶液

抗生素	贮存液浓度[①]	工作浓度	
		严紧型质粒	松弛型质粒
氨苄青霉素	50mg/mL(溶于水)	$20\mu g/mL$	$60\mu g/mL$
羧苄青霉素	50mg/mL(溶于水)	$20\mu g/mL$	$60\mu g/mL$
氯霉素	34mg/mL(溶于乙醇)	$25\mu g/mL$	$170\mu g/mL$
卡那霉素	10mg/mL(溶于水)	$10\mu g/mL$	$50\mu g/mL$
链霉素	10mg/mL(溶于水)	$10\mu g/mL$	$50\mu g/mL$
四环素[②]	5mg/mL(溶于乙醇)	$10\mu g/mL$	$50\mu g/mL$

① 以水为溶剂的抗生素贮存液通过 $0.22\mu m$ 滤器过滤除菌。以乙醇为溶剂的抗生素溶液无须除菌处理。所有抗生素溶液均应放于不透光的容器—20℃保存。

② 镁离子是四环素的拮抗剂，四环素抗性菌的筛选应使用不含镁盐的培养基（如 LB 培养基）。

（2）常用酶的配制

① 蛋白水解酶类

酶	贮存液	贮存温度	反应浓度	反应缓冲液	反应温度	预处理
链霉蛋白酶[①]	20mg/mL	—20℃	1mg/mL	0.01mol/L Tris(pH7.8)，0.01mol/L EDTA，0.5%SDS	37℃	自消化[②]
蛋白酶 K[③]	20mg/mL	—20℃	$50\mu g/mL$	0.01mol/L Tris(pH7.8)，0.005mol/L EDTA，0.5%SDS	37～56℃	无须预处理

① 链霉蛋白酶是从链球菌（*Streptomyces griseus*）中分离到的一种丝氨酸酶和酸性蛋白酶的混合物。

② 自消化可消除 DNA 酶和 RNA 酶的污染，经自消化的链霉蛋白酶的配制方法为：把该酶的粉末溶解于 10mmol/L Tris·HCl(pH7.5)、10mmol/L NaCl 中，配成 20mg/mL 浓度，于 37℃温育 1h。经自消化的链霉蛋白酶分装成小份放在密封试管中，保存于—20℃。

③ 蛋白酶 K 是一种枯草蛋白酶类的高活性蛋白酶，从林伯白色链球菌（*Tritirachium album Limber*）中纯化得到。该酶有两个 Ca^{2+} 结合位点，它们离酶的活性中心有一定距离，与催化机理并无直接关系。然而，如果从该酶中除去 Ca^{2+}，由于出现远程的结构变化，催化活性将丧失 80% 左右，但其剩余活性通常已足以降解在一般情况下污染酸制品的蛋白质。所以，蛋白酶 K 消化过程中通常加入 EDTA（以抑制依赖于 Mg^{2+} 的核酸酶的作用）。

② 溶菌酶

溶菌酶（lysozyme）又称胞壁质酶（muramidase）或 N-乙酰胞壁质聚糖水解酶（N-acetylmuramide glycanohydrlase），是一种能水解致病菌中黏多糖的碱性酶。主要通过破坏细胞壁中的 N-乙酰胞壁酸和 N-乙酰氨基葡糖之间的 β-1,4-糖苷键，使细胞壁不溶性黏多糖分解成可溶性糖肽，导致细胞壁破裂内容物逸出而使细菌溶解。

用水配制成 50mg/mL 的溶菌酶溶液，分装成小份并保存于—20℃。每一小份一经使用后马上丢弃。

③ 无 DNA 酶活性的 RNA 酶

RNA 酶 A 是内切核糖核酸酶，可特异地攻击 RNA 上嘧啶残基的 $3'$-端，切割与相邻核苷酸形成的磷酸二酯键。反应终产物是嘧啶 $3'$-磷酸及末端带嘧啶 $3'$-磷酸的寡核苷酸。将胰 RNA 酶（RNA 酶 A）溶于 10mmol/L Tris·HCl（pH7.5）、15mmol/L NaCl 中，配成 10mg/mL 的浓度，于 100℃ 加热 15min，缓慢冷却至室温，分装成小份保存于 -20℃。

附录 4　常用培养基的配制

(1) Luria-Bertani (LB) 培养基 (常规细菌培养用)

蛋白胨 10g，酵母提取物 5g，氯化钠 10g，水 1000mL，1mol/L NaOH 调节 pH 值至 7.0，121℃ 湿热灭菌 30min。固体培养基为液体培养基添加琼脂粉 12g/L。

(2) 牛肉膏蛋白胨培养基 (用于细菌培养)

牛肉膏 3g，蛋白胨 10g，NaCl 5g，水 1000mL，pH7.4～7.6。

(3) 马丁氏 (Martin) 培养基 (用于从土壤中分离真菌)

K_2HPO_4 1g，$MgSO_4 \cdot 7H_2O$ 0.5g，蛋白胨 5g，葡萄糖 10g，1/3000 孟加拉红水溶液 100mL，水 900mL，自然 pH，121℃ 湿热灭菌 30min。待培养基融化后冷却至 55～60℃ 时加入链霉素（链霉素含量为 30μg/mL）。

(4) 马铃薯培养基 (用于霉菌或酵母菌培养)

马铃薯（去皮）200g，蔗糖（或葡萄糖）20g，水 1000mL，配制方法如下：将马铃薯去皮，切成约 2cm² 的小块，放入 1500mL 的烧杯中煮沸 30min，注意用玻璃棒搅拌，以防糊底，然后用双层纱布过滤，取其滤液加糖，再补足至 1000mL，自然 pH，霉菌用蔗糖，酵母菌用葡萄糖。

(5) 察氏培养基 (用于霉菌培养)

蔗糖 30g，$NaNO_3$ 2g，K_2HPO_4 1g，$MgSO_4 \cdot 7H_2O$ 0.5g，KCl 0.5g，$FeSO_4 \cdot 7H_2O$ 0.1g，水 1000mL，pH7.0～7.2。

(6) Hayflik 培养基 (用于霉菌培养)

牛心消化液（或浸出液）1000mL，蛋白胨 10g，NaCl 5g，琼脂 15g，pH7.8～8.0，分装每瓶 70mL，121℃ 湿热灭菌 15min，待冷却至 80℃ 左右，每 70mL 中加入马血清 20mL，25% 鲜酵母浸出液 10mL，15 醋酸铵水溶液 2.5mL，青霉素 G 钾盐水溶液（20 万单位以上）0.5mL，以上混合后倾注平板。

(7) 葡萄糖蛋白胨水培养基 (用于 V. P. 反应和甲基红试验)

蛋白胨 0.5g，葡萄糖 0.5g，K_2HPO_4 0.2g，水 100mL，pH7.2，115℃ 湿热灭菌 20min。

(8) 蛋白胨水培养基 (用于吲哚试验)

蛋白胨 10g，NaCl 5g，水 1000mL，pH7.2～7.4，121℃ 湿热灭菌 20min。

(9) 糖发酵培养基 (用于细菌糖发酵试验)

蛋白胨 0.2g，NaCl 0.5g，K_2HPO_4 0.02g，水 100mL，溴麝香草酚蓝（1% 水溶液）0.3mL，糖类 1g。分别称取蛋白胨和 NaCl 溶于热水中，调 pH 值至 7.4，再加入溴麝香草酚蓝（先用少量 95% 乙醇溶解后，再加水配成 1% 水溶液），加入糖类，分装试管，装量为 4～5cm 高，并倒放入一杜氏小管（管口向下，管内充满培养液）。115℃ 湿热灭菌 20min。

（10） RCM 培养基（用于厌氧菌培养）

酵母膏 3g，牛肉膏 l0g，蛋白胨 10g，可溶性淀粉 1g，葡萄糖 5g，半胱氨酸盐酸盐 0.5g，NaCl 3g，NaAc 3g，水 1000mL，pH8.5，刃天青 3mg/L，121℃湿热灭菌 30min。

（11） TYA 培养基（用于厌氧菌培养）

葡萄糖 40g，牛肉膏 2g，酵母膏 2g，胰蛋白胨 6g，醋酸铵 3g，KH_2PO_4 0.5g，$MgSO_4 \cdot 7H_2O$ 0.2g，$FeSO_4 \cdot 7H_2O$ 0.01g，水 1000mL，pH6.5，121℃湿热灭菌 30min。

（12） BCG 牛乳培养基（用于乳酸发酵）

a 溶液：脱脂乳粉 100g，水 500mL，加入 1.6%溴甲酚绿（B.C.G）乙醇溶液 1mL，80℃灭菌 20min。b 溶液：酵母膏 10g，水 500mL，琼脂 20g，pH6.8，121℃湿热灭菌 20min。以无菌操作趁热将 a、b 溶液混合均匀后倒平板。

（13） 酒精发酵培养基（用于酒精发酵）

蔗糖 10g，$MgSO_4 \cdot 7H_2O$ 0.5g，NH_4NO_3 0.5g，20%豆芽汁 2mL，KH_2PO_4 0.5g，水 100mL，自然 pH。

（14） 乳糖蛋白胨半固体培养基（用于水体中大肠菌群的测定）

蛋白胨 10g，牛肉浸膏 5g，酵母膏 5g，乳糖 10g，琼脂 5g，蒸馏水 1000mL，pH7.2~7.4，分装试管（10mL/管），115℃湿热灭菌 20min。

（15） 加倍肉汤培养基（用于细菌转导）

牛肉膏 6g，蛋白胨 20g，NaCl 10g，水 1000mL，pH7.4~7.6，121℃湿热灭菌 30min。

（16） 豆饼斜面培养基（用于产蛋白酶霉菌菌株筛选）

豆饼 100g 加水 5~6 倍，煮出滤汁 100mL，汁内加入 KH_2PO_4 0.1%，$MgSO_4$ 0.05%，$(NH_4)_2SO_4$ 0.05%，可溶性淀粉 2%，pH6，琼脂 2%~2.5%。

（17） 细菌基本培养基（用于筛选营养缺陷型）

$Na_2HPO_4 \cdot 7H_2O$ 1g，$MgSO_4 \cdot 7H_2O$ 0.2g，葡萄糖 5g，NaCl 5g，K_2HPO_4 1g，水 1000mL，pH7.0，115℃湿热灭菌 30min。

（18） YEPD 培养基（用于酵母原生质体融合）

酵母粉 10g，蛋白胨 20g，葡萄糖 20g，蒸馏水 1000mL，pH6.0，115℃湿热灭菌 20min。

附录 5　实验室常用贮存液的配制

（1）丙烯酰胺溶液（30%）

【配制方法】

将 29g 丙烯酰胺和 1g N,N'-亚甲双丙烯酰胺溶于总体积为 60mL 的水中。加热至 37℃溶解，补加水至体积为 100mL。用 Nalgene 滤器（0.45μm 孔径）过滤除菌，查证该溶液的 pH 值应不大于 7.0，置棕色瓶中保存于室温。

【注意】

丙烯酰胺具有很强的神经毒性，并可以通过皮肤吸收，其作用具累积性。称量丙烯酰胺和亚甲双丙烯酰胺时应戴手套和面具。可认为聚丙烯酰胺无毒，但也应谨慎操作，因为它还可能会含有少量未聚合材料。

（2）丙烯酰胺溶液（40%）

【配制方法】

把 380g 丙烯酰胺（DNA 测序级）和 20g N,N'-亚甲基双丙烯酰胺溶于总体积为 600mL 的去离子水中。继续按上述配制 30%丙烯酰胺溶液的方法处理，但加热溶解后应以去离子水补足至终体积为 1L。

【注意】

见上述配制 30%丙烯酰胺的说明，40%丙烯酰胺溶液用于 DNA 序列测定。

（3）过硫酸铵溶液（10%）

【配制方法】

把 1g 过硫酸铵溶解于终量为 10mL 的水溶液中，该溶液可在 4℃保存数周。

（4）十二烷基硫酸钠（SDS）溶液（10%）

【配制方法】

在 900mL 水中溶解 100g 电泳级 SDS，加热至 68℃助溶，加入几滴浓盐酸调节溶液的 pH 值至 7.2，加水定容至 1L，分装备用。

【注意】

SDS 的微细晶粒易扩散，因此称量时要戴面罩，称量完毕后要清除残留在称量工作区和天平上的 SDS，10%SDS 溶液无须灭菌。

（5）腺苷三磷酸（ATP）溶液（0.1mol/L）

【配制方法】

在 0.8mL 水中溶解 60mg ATP，用 0.1mol/L NaOH 调 pH 值至 7.0，用去离子水定容至 1mL，分装成小份保存于-70℃。

（6）乙酸酐溶液（10mol/L）

【配制方法】

把 770g 乙酸酐溶于 800mL 水中，加水定容至 1L 后过滤除菌。

（7）BCIP 溶液

【配制方法】

把 0.5g 的 5-溴-4-氯-3-吲哚磷酸二钠盐（BCIP）溶解于 10mL 100％的二甲基甲酰胺中，保存于 4℃。

（8）CaCl$_2$ 溶液（1mol/L）

【配制方法】

在 200mL 去离子水中溶解 54g CaCl$_2$·6H$_2$O，用 0.22μm 滤器过滤除菌，分装成 10mL 小份贮存于 −20℃。

【注意】

制备感受态细胞时，取出一小份解冻并用去离子水稀释至 100mL，用 Nalgene 滤器（0.45μm 孔径）过滤除菌，然后骤冷至 0℃。

（9）CaCl$_2$ 溶液（2.5mol/L）

【配制方法】

在 20mL 去离子水中溶解 13.5g CaCl$_2$·6H$_2$O，用 0.22μm 滤器过滤除菌，分装成 1mL 小份贮存于 −20℃。

（10）二硫苏糖醇（DTT）溶液（1mol/L）

【配制方法】

用 20mL 0.01mol/L 乙酸钠溶液（pH5.2）溶解 3.09g DTT，过滤除菌后分装成 1mL 小份贮存于 −20℃。

【注意】

DTT 或含有 DTT 的溶液不能进行高压处理。

（11）EDTA（pH8.0）溶液（0.5mol/L）

【配制方法】

在 800mL 水中加入 186.1g 二水乙二胺四乙酸二钠（Na$_2$EDTA·2H$_2$O），在磁力搅拌器上剧烈搅拌，用 NaOH 调节溶液的 pH 值至 8.0（约需 20g NaOH），然后定容至 1L，分装后高压灭菌备用。

【注意】

EDTA 二钠盐需加入 NaOH 将溶液的 pH 值调至接近 8.0，才能完全溶解。

（12）溴化乙锭溶液（10mg/mL）

【配制方法】

在 100mL 水中加入 1g 溴化乙锭，磁力搅拌数小时以确保其完全溶解，然后用铝箔包裹容器或转移至棕色瓶中，保存于室温。

【注意】

小心：溴化乙锭是强诱变剂并有中度毒性，使用含有这种染料的溶液时务必戴上手套，称量染料时要戴面罩。

（13）IPTG 溶液

【配制方法】

IPTG 为异丙基硫代-β-D-半乳糖苷（分子量为 238.3），在 8mL 去离子水中溶解 2g IPTG 后，用去离子水定容至 10mL，用 0.22μm 滤器过滤除菌，分装成 1mL 小份贮存于

−20℃。

（14）乙酸镁溶液（1mol/L）

【配制方法】

在 800mL 水中溶解 214.46g 四水乙酸镁，用水定容至 1L 过滤除菌。

（15）MgCl₂ 溶液（1mol/L）

【配制方法】

在 800mL 水中溶解 203.4g $MgCl_2 \cdot 6H_2O$，用水定容至 1L，分装成小份并高压灭菌备用。

【注意】

$MgCl_2$ 极易潮解，应选购小瓶（如 100g）试剂，启用新瓶后勿长期存放。

（16）β-巯基乙醇（BME）**溶液**

【配制方法】

一般得到的是 14.4mol/L 溶液，应装在棕色瓶中保存于 4℃。

【注意】

BME 或含有 BME 的溶液不能高压处理。

（17）NBT 溶液

【配制方法】

把 0.5g 氯化氮蓝四唑溶解于 10mL 70％ 的二甲基甲酰胺中，保存于 4℃。

（18）酚/氯仿溶液

【配制方法】

把酚和氯仿等体积混合后用 0.1mol/L Tris·HCl(pH7.6) 抽提几次以平衡这一混合物，置棕色玻璃瓶中，上面覆盖等体积的 0.01mol/L Tris·HCl(pH7.6) 液层，保存于 4℃。

【注意】

酚腐蚀性很强，并可引起严重灼伤，操作时应戴手套及防护镜，穿防护服。所有操作均应在化学通风橱中进行。与酚接触过的部位皮肤应用大量的水清洗，并用肥皂和水洗涤，忌用乙醇。

（19）苯甲基磺酰氟（PMSF）**溶液**（10mmol/L）

【配制方法】

用异丙醇溶解 PMSF 成 1.74mg/mL（10mmol/L），分装成小份贮存于 −20℃。如有必要可配成浓度高达 17.4mg/mL 的贮存液（100mmol/L）。

【注意】

PMSF 严重损害呼吸道黏膜、眼睛及皮肤，吸入、吞进或通过皮肤吸收后有致命危险。一旦眼睛或皮肤接触了 PMSF，应立即用大量水冲洗之。凡被 PMSF 污染的衣物应予丢弃。

PMSF 在水溶液中不稳定。应在使用前从贮存液中现用现加于裂解缓冲液中。PMSF 在水溶液中的活性丧失速率随 pH 值的升高而加快，且 25℃ 的失活速率高于 4℃。将 PMSF 溶液调节为碱性（pH＞8.6）并在室温放置数小时后，可安全地予以丢弃。

（20）乙酸钾（pH7.5）溶液（1mol/L）

【配制方法】

将 9.82g 乙酸钾溶解于 90mL 纯水中，用 2mol/L 乙酸调节 pH 值至 7.5 后加入纯水定容到 1L，保存于－20℃。

（21）乙酸钾溶液（用于碱裂解）

【配制方法】

在 60mL 的 5mol/L 乙酸钾溶液中加入 11.5mL 冰醋酸和 28.5mL 水，即成钾浓度为 3mol/L 而乙酸根浓度为 5mol/L 的溶液。

（22）乙酸钠（pH5.2 和 pH7.0）溶液（3mol/L）

【配制方法】

在 80mL 水中溶解 408.1g 三水乙酸钠，用冰醋酸调节 pH 值至 5.2 或用稀乙酸调节 pH 值至 7.0，加水定容到 1L，分装后高压灭菌。

（23）NaCl 溶液（5mol/L）

【配制方法】

在 800mL 水中溶解 292.2g NaCl 加水定容至 1L，分装后高压灭菌。

（24）100%三氯乙酸（TCA）溶液

【配制方法】

在装有 500g TCA 的瓶中加入 227mL 水，形成的溶液含有 100g/100mL TCA。

（25）X-gal 溶液

【配制方法】

X-gal 为 5-溴-4-氯-3-吲哚-β-D-半乳糖苷。用二甲基甲酰胺溶解 X-gal 配制成的 20mg/mL 的贮存液，保存于一玻璃管或聚丙烯管中。装有 X-gal 溶液的试管须用铝箔封裹，以防因受光照而被破坏，并应贮存于－20℃。X-gal 溶液无须过滤除菌。

附录6 常用生物质理化参数

（1）核苷三磷酸的物理常数

化合物	分子量	$\lambda_{max}(pH7.0)/nm$	λ_{max}[①]$/nm$	OD_{280nm}/OD_{260nm}
ATP	507	259	15400	0.15
CTP	483	271	9000	0.97
GTP	523	253	13700	0.66
UTP	484	262	10000	0.38
dATP	494	259	15200	0.15
dCTP	467	271	9300	0.98
dGTP	507	253	13700	0.66
dTTP	482	267	9600	0.71

① λ_{max}：1mol溶液（pH7.0）中吸光度最大时的波长。

（2）常用核酸的长度与分子量

核酸类型	核苷酸数	分子量	核酸类型	核苷酸数	分子量
λDNA	48502（双链环状）	3.0×10^7	18S rRNA	1900	6.1×10^5
pBR322	4363（双链）	2.8×10^6	19S rRNA	1700	5.5×10^5
28S rRNA	4800	1.6×10^6	5S rRNA	120	3.6×10^4
23S rRNA	3700	1.2×10^6	tRNA（大肠杆菌）	75	2.5×10^4

（3）常用核酸蛋白换算数据

① 分光光度换算

$1A_{260nm}$ 双链 DNA $=50\mu g/mL$

$1A_{260nm}$ 单链 DNA $=30\mu g/mL$

$1A_{260nm}$ 单链 RNA $=40\mu g/mL$

② DNA 摩尔换算

$1\mu g$ 100bp DNA $=1.52pmol=3.03pmol$ 末端

$1\mu g$ pBR322 DNA $=0.36pmol$

$1pmol$ 1000bp DNA $=0.66\mu g$

$1pmol$ pBR322 $=2.8\mu g$

1kb 双链 DNA（钠盐）$=6.6\times10^5$ Da

1kb 单链 DNA（钠盐）$=3.3\times10^5$ Da

1kb 单链 RNA（钠盐）$=3.4\times10^5$ Da

③ 蛋白质摩尔换算

100pmol 分子量 100000 蛋白质 = 10μg

100pmol 分子量 50000 蛋白质 = 5μg

100pmol 分子量 10000 蛋白质 = 1μg

氨基酸的平均分子量 = 126.7Da

④ 蛋白质/DNA 换算

1kb DNA = 333 个氨基酸编码容量 = $3.7×10^4 M_W$ 蛋白质

$10000 M_W$ 蛋白质 = 270bp DNA

$30000 M_W$ 蛋白质 = 810bp DNA

$50000 M_W$ 蛋白质 = 1.35kb DNA

$100000 M_W$ 蛋白质 = 2.7kb DNA

（4）常用蛋白质分子量标准参照物

高分子量标准参照物		中分子量标准参照物		低分子量标准参照物	
蛋白质	分子量	蛋白质	分子量	蛋白质	分子量
肌球蛋白	212000	磷酸化酶 b	97400	碳酸酐酶	31000
β-半乳糖苷酶 b	116000	牛血清白蛋白	66200	大豆胰蛋白酶制剂	21500
磷酸化酶 b	97400	谷氨酸脱氢酶	55000	马心肌球蛋白	16900
牛血清白蛋白	66200	卵白蛋白	42700	溶菌酶	14400
过氧化氢酶	57000	醛缩酶	40000	肌球蛋白（F1）	8100
醛缩酶	40000	碳酸酐酶	31000	肌球蛋白（F2）	6200
		大豆胰蛋白酶制剂	21500	肌球蛋白（F3）	2500
		溶菌酶	14400		

（5）氨基酸的特性

氨基酸名称	三字母缩写	单字母缩写	分子量	侧链电离 pH 值
丙氨酸（alanine）	Ala	A	89.09	
精氨酸（arginine）	Arg	R	174.2	12.48
天冬酰胺（asparagine）	Asn	N	132.1	
天冬氨酸（aspartic acid）	Asp	D	133.1	3.86
半胱氨酸（systeine）	Cys	C	121.12	
谷氨酰胺（glutamine）	Gln	Q	146.15	
谷氨酸（glutamic acid）	Glu	E	147.13	4.25
甘氨酸（glycine）	Gly	G	75.07	
组氨酸（histidine）	His	H	155.16	6.0
异亮氨酸（isoleucine）	lle	I	131.17	
亮氨酸（leucine）	Leu	L	131.17	
赖氨酸（lycine）	Lys	K	146.19	
甲硫氨酸（methionine）	Met	M	149.21	
苯丙氨酸（phenylanaline）	Phe	P	165.19	

氨基酸名称	三字母缩写	单字母缩写	分子量	侧链电离 pH 值
脯氨酸(proline)	Pro	P	115.13	
丝氨酸(serine)	Ser	S	105.06	
苏氨酸(threonine)	Thr	T	119.12	
色氨酸(tryptophan)	Trp	W	204.22	
酪氨酸(tyrosine)	Tyr	Y	181.19	10.07
缬氨酸(valine)	Val	P	117.15	

参 考 文 献

[1] 杨忠华，左振宇. 生物工程专业实验. 北京：化学工业出版社，2014.

[2] 董晓燕. 生物化学实验. 北京：化学工业出版社，2003.

[3] [美] 萨姆布鲁克，等. 分子克隆实验指南. 第 2 版. 金冬雁，译. 北京：科学出版社，1999.

[4] 韩跃武. 生物化学实验. 兰州：兰州大学出版社，2006.

[5] 陈钧辉，李俊. 生物化学实验. 第 5 版. 北京：科学出版社，2014.

[6] 张楚富. 生物化学. 第 2 版. 北京：高等教育出版社，2018.

[7] 沈萍，范秀容，李广武. 微生物学实验. 第 3 版. 北京：高等教育出版社，1999.

[8] 程丽娟，薛泉宏. 微生物学实验技术. 第 2 版. 北京：科学出版社，2012.

[9] 徐德强，王英明，周德庆. 微生物学实验教程. 第 4 版. 北京：高等教育出版社，2019.

[10] 周群英，高廷耀. 环境工程微生物学. 第 2 版. 北京：高等教育出版社，2000.

[11] 杨汝德. 现代工业微生物学实验技术. 第 2 版. 北京：科学出版社，2015.

[12] 朱旭芳. 基因工程实验指导. 第 3 版. 北京：高等教育出版社，2016.

[13] 刘萌. 分子生物学及基因工程实验教程. 第 3 版. 北京：科学出版社，2019.

[14] 冯乐平，刘志国. 基因工程实验教程. 北京：科学出版社，2016.

[15] 刘志国. 基因工程原理与技术. 第 3 版. 北京：高等教育出版社，2016.

[16] 孙明. 基因工程. 第 2 版. 北京：高等教育出版社，2013.

[17] 陈军. 发酵工程实验指导. 北京：科学出版社，2013.

[18] 陈诵英. 催化反应动力学. 第 2 版. 北京：化学工业出版社，2006.

[19] 张元兴. 生物反应器工程. 上海：华东理工大学出版社，2001.

[20] 郑裕国. 生物工程设备. 第 2 版. 北京：化学工业出版社，2007.

[21] 戚以政. 生物反应动力学与反应器. 第 3 版. 北京：化学工业出版社，2007.

[22] 臧荣春. 微生物动力学模型. 北京：化学工业出版社，2003.

[23] 庞俊兰. 现代生物技术实验室安全与管理. 北京：科学出版社，2007.

[24] Ghasem D N. Biochemical Engineering and Biotechnology. Oxford，UK：Oxford University Press，2007.

[25] Rajiv Dutta. Fundamentals of Biochemical Engineering. NY，USA：Springer Berlin Heidelberg，2008.

[26] Schügerl K. Bioreaction Engineering：Modeling and control. NY，USA：Spring-Verlag，2000.